Ahmed Rejeb
Abdelkader Amara

Morphométrie et endocrinologie de la glande thyroïde du dromadaire

Ahmed Rejeb
Abdelkader Amara

Morphométrie et endocrinologie de la glande thyroïde du dromadaire

Aspects morphométriques dans l'adaptation physiologique et états pathologiques

Presses Académiques Francophones

Mentions légales / Imprint (applicable pour l'Allemagne seulement / only for Germany)
Information bibliographique publiée par la Deutsche Nationalbibliothek: La Deutsche Nationalbibliothek inscrit cette publication à la Deutsche Nationalbibliografie; des données bibliographiques détaillées sont disponibles sur internet à l'adresse http://dnb.d-nb.de.
Toutes marques et noms de produits mentionnés dans ce livre demeurent sous la protection des marques, des marques déposées et des brevets, et sont des marques ou des marques déposées de leurs détenteurs respectifs. L'utilisation des marques, noms de produits, noms communs, noms commerciaux, descriptions de produits, etc, même sans qu'ils soient mentionnés de façon particulière dans ce livre ne signifie en aucune façon que ces noms peuvent être utilisés sans restriction à l'égard de la législation pour la protection des marques et des marques déposées et pourraient donc être utilisés par quiconque.

Photo de la couverture: www.ingimage.com

Editeur: Presses Académiques Francophones est une marque déposée de
Südwestdeutscher Verlag für Hochschulschriften GmbH & Co. KG
Heinrich-Böcking-Str. 6-8, 66121 Sarrebruck, Allemagne
Téléphone +49 681 37 20 271-1, Fax +49 681 37 20 271-0
Email: info@presses-academiques.com

Produit en Allemagne:
Schaltungsdienst Lange o.H.G., Berlin
Books on Demand GmbH, Norderstedt
Reha GmbH, Saarbrücken
Amazon Distribution GmbH, Leipzig
ISBN: 978-3-8381-7024-4

Imprint (only for USA, GB)
Bibliographic information published by the Deutsche Nationalbibliothek: The Deutsche Nationalbibliothek lists this publication in the Deutsche Nationalbibliografie; detailed bibliographic data are available in the Internet at http://dnb.d-nb.de.
Any brand names and product names mentioned in this book are subject to trademark, brand or patent protection and are trademarks or registered trademarks of their respective holders. The use of brand names, product names, common names, trade names, product descriptions etc. even without a particular marking in this works is in no way to be construed to mean that such names may be regarded as unrestricted in respect of trademark and brand protection legislation and could thus be used by anyone.

Cover image: www.ingimage.com

Publisher: Presses Académiques Francophones is an imprint of the publishing house
Südwestdeutscher Verlag für Hochschulschriften GmbH & Co. KG
Heinrich-Böcking-Str. 6-8, 66121 Saarbrücken, Germany
Phone +49 681 37 20 271-1, Fax +49 681 37 20 271-0
Email: info@presses-academiques.com

Printed in the U.S.A.
Printed in the U.K. by (see last page)
ISBN: 978-3-8381-7024-4

TABLE DES MATIERES

PARTIE EXPERIMENTALE

LISTE DES TABLEAUX

LISTE DES FIGURES

LISTE DES PHOTOS

LISTE DES ABREVIATIONS

µm : micromètre

ADN: acide désoxyribo-nucléique

AMPc : Adénosine monophosphate cyclique

APUD : Amine Precursor Uptake and Decarboxylation

ATP: adénosine triphosphate

CLAG : classe d'Age

CLPDS : classe de poids

cm : centimètre

CNS: central nervous system

DAB : Diaminobenzidine

ddl : degré de liberté

DIT : di-iodotyrosine

DMF: N,N-diméthyl-formamide

E.T.M. : Ecart type des moyennes

EGF: Epidermal growth factor

EPO : Erythropoïétine

FGF: Fibroblast growth factors

FSH : *Follicle-stimulating hormone*

FT3 : Tri-iodothyronine libre

FT4 : thyroxine libre

g : gramme

GABA: Acide Gamma-Amino-Butyrique

GH : Growth Hormone

GLM: General Linear Models

H.T : Hauteur des Thyréocytes

ha: Hectare

HE: Hemalun Eosine

HRP : Peroxydase du Raifort

hTi : hormones thyroïdiennes iodées

I.A : Index d'activation

I : Iode

IGF : Insulin-like growth factor

IGF-BP: Insulin-like growth factor binding proteins

kg : kilogramme

LH : *luteinizing hormone*

MIT : monoiodotyrosine

mIU : milli International Units

ml : millilitre

mm : millimètre

Na$^+$: sodium

ng : nanogramme

NGF: Nervous Growth Factor

P cau : Pôle caudal

P crâ : Pôle crânial

pg : pictogramme

pg: picogramme

PISTH : poids de l'isthme

PKA : protein Kinase AMPc dépendante

PLTD : poids du lobe thyroïdien droit

PLTG : poids du lobe thyroïdien gauche

pmol: picomole

PTT : poids total de la glande thyroïde

R.I.A.: radioimmunologie

R^2 : coefficient de détermination

rT3 : réverse tri-iodothyronine

S.C.M. : surface colloïde moyenne

S.E.M. : surface épithéliale moyenne

S.F.M : surface folliculaire moyenne

SAS: statistical analysis system

Ser/Thr: serine/threonine

CNS : Système Nerveux Central

T3 : tri-iodothyronine

T4 : tétra-iodothyronine

TBG : *Thyroxine binding globulin*

TBPA ou **TTR:** binding prealbumin ou transthyrétine

TGFβ: *Transforming growth factor β*

TPO : thyroïde peroxydase

TRE : *Thyroid Responsive Element*

TRH : *Thyrotropin Releasing Hormone*

TSH : *Thyroid Stimulating Hormone*

UF : Unités Fourragères

UI : unité internationale

Zn: Zinc

µg : microgramme

INTRODUCTION

De tous les animaux domestiques, le dromadaire (*Camelus dromedarius*) est certainement l'animal le mieux adapté aux régions arides et désertiques qui sont caractérisées par des parcours à faible productivité et par la rareté de l'eau.

En Tunisie, le dromadaire est devenu, ces dernières années, l'une des préoccupations majeures des éleveurs. Il constitue un axe de développement très important dans les régions du sud. Le réchauffement climatique et l'avancée du désert sur le continent africain feront de cet animal une des espèces qui constituera un modèle stratégique d'élevage grâce à ses grandes capacités d'adaptation aux conditions précaires d'entretien et d'alimentation.

Le dromadaire, animal des régions arides et désertiques est très précieux pour les habitants du centre et du sud tunisien. Mis à part les services rendus par son travail, il constitue dans ces régions la source essentielle de production de viande, de lait et de laine. Ces avantages ne sont pas pleinement exploités car limités par des contraintes pathologiques et nutritionnelles. Les carences nutritionnelles sont les principales pathologies rencontrées dans le sud Tunisien, certaines sont très connues comme le « Kraft » (ZAHZAH, 1981), liées à un déséquilibre phosphocalcique, d'autres sont moins explorées telles que les troubles endocriniens liés à la thyroïde. Or on sait que la glande thyroïde développe la maladie endocrinienne la plus répandue dans le monde, le goitre. Cette pathologie est très courante chez le dromadaire, dans la région du Darfour (Soudan) où cet animal s'est révélé plus sensible que les autres espèces à la carence en iode (TAGELDIN et al., 1985). En effet, l'iode intervient dans la synthèse des hormones thyroïdiennes iodées qui ont chez les mammifères des effets physiologiques multiples. Elles sont impliquées non seulement dans le métabolisme de base et la croissance mais aussi dans l'adaptation physiologique aux conditions climatiques difficiles des zones désertiques et dans les mécanismes anti- oxydants de défense (BENGOUMI et al., 2003 ; NAZIFI et al., 2009a ; NAZIFI et al., 2009b).

Selon GLINOER (1996), le volume thyroïdien normal est difficile à déterminer et dépend des régions et de leur environnement iodé. Il est donc important de connaitre l'anatomie et la morphométrie normales de la glande thyroïde et ses particularités pour mieux comprendre les modifications morphologiques provoquées par certaines pathologies ainsi que pour faciliter certaines investigations diagnostiques telles que les ponctions et les biopsies écho-guidées. Or selon ASLOUJ (1997) et TAHA et ABDEL-MAGIED (1994), la glande thyroïde du dromadaire montre de nombreuses particularités anatomiques et physiologiques. Certaines d'entre elles sont connues, d'autres sont sujettes à controverse. A part les études de ATOJI et al. (1999) et ABDEL- MAGIED et al. (2000), aucun travail complet n'a été réalisé sur cet aspect.

Pour toutes ces raisons nous nous sommes fixés pour objectifs dans ce travail de :

- réaliser une étude détaillée des particularités anatomiques de la glande thyroïde du dromadaire (*Camelus dromedarius*),

- une étude qualitative sur l'importance du parenchyme glandulaire, son organisation, sa structure histologique et une étude quantitative basée sur la morphométrie pour un suivi des variations de son fonctionnement en fonction de différentes situations physiologiques,

- une étude physiopathologique basée sur le dosage des hormones thyroïdiennes à différents stades physiologiques (croissance…),

- une étude de cas pathologiques essentiellement sur le goitre, une pathologie fréquente dans le sud tunisien, liée apparemment à une eau de boisson riche en fluor dans ces régions.

I- GENERALITES SUR LE DROMADAIRE

1- Place dans le règne animal

Le chameau à une bosse appelé communément dromadaire est un mammifère appartenant à la famille des Camélidés. Les animaux de cette famille n'ont pas de cornes, ni de vésicules biliaires. Cette famille comprend deux genres : *Lama* et *Camelus* (**Figure 1**).

Classe :	Mammifères
Sous-classe :	Placentaires
Ordre :	Artiodactyles
Sous-ordre :	Ruminants
Groupe :	Tylopodes
Familles :	Camélidés
Genres :	*Lama* *Camelus*
Espèces :	*(glama / alpacca / vicugna / guanicoe)* *(bactrianus / dromedarius)*

Figure 1 : Classification des camélidés (*in* DJELLOULI, 1991)

Le genre *Lama* (ou *Auchenia*) : comporte des animaux de format moyen, sans bosses et partagés en quatre espèces :

- Deux espèces domestiques :
  - *Lama* (*Lama glama*).
  - *Alpage* ou *Alpacca* (*Auchenia pacas*).
- Deux espèces sauvages :
  - *Vigogne* (*Lama vicugna molina*),
  - *Guanaco* (*Lama huanacus molina*).

Le genre *Camelus* : comprend des animaux de format plus gros, ayant une ou deux bosses. Ce genre comprend deux espèces :

- *Camelus bactrianus*: ou "chameau de bactriane" à deux bosses, est un animal très résistant au froid, à pelage très long, à poids massif et à jambes courtes.

- *Camelus dromedarius*: ou "dromadaire" à une bosse, cet animal est moins massif, plus haut sur ses jambes, à pelage court et s'adapte aux pays chauds et secs d'Asie et d'Afrique.

2- Situation actuelle de l'élevage camelin en Tunisie

D'après les statistiques disponibles, l'élevage camelin (*Camelus dromedarius*) a beaucoup régressé au cours des trente dernières années. Les sources du Ministère de l'Agriculture font état de 150 000 têtes en 1981 contre 85 000 en 1986. Les effectifs se situeraient actuellement autour de 50 000 femelles et 20 000 têtes réparties entre jeunes et géniteurs mâles, soit un total d'environ 70 000 têtes.

Les principales causes de la régression des effectifs camelins sont liées surtout aux transformations de la société pastorale. Ainsi, avec l'avènement de la mécanisation dans le domaine agricole et notamment du transport, le dromadaire a perdu son rôle, jadis essentiel, en tant qu'animal de trait et de bât. De même la sédentarisation de la population nomade ne permet plus d'entretenir les grands troupeaux ovins, caprins et camelins par suite de la reconversion des pâturages en terre arable. De plus, les maladies parasitaires, bactériennes et virales non contrôlées, ainsi que les troubles métaboliques et la consanguinité (dont la conséquence évidente est une malformation des chamelons et une faible fertilité) sont à l'origine d'une régression progressive et importante du dromadaire. Il faut signaler enfin que l'exportation non contrôlée et le manque d'innovation dans le mode de conduite de l'élevage ont beaucoup affecté le cheptel camelin qui s'est réduit à quelques troupeaux.

Il est donc urgent de s'employer à développer cet élevage parce qu'il est pratiquement le seul à pouvoir rentabiliser les surfaces qui n'ont pas de rendement agricole (environs 8% de la superficie totale du pays).

3- Principaux paramètres de la conduite traditionnelle du dromadaire en Tunisie

3-1- Alimentation

Le dromadaire est le seul ruminant domestique à pouvoir mettre en valeur les pâturages grossiers dominés par des plantes halophytes ou épineuses à faible valeur nutritive. Il tire la totalité de son alimentation à partir des végétaux qu'il rencontre sur son parcours quotidien (de 20 à 30 km). Le régime alimentaire du dromadaire compte une forte proportion d'espèces végétales non appétissantes pour les ovins et les caprins (espèces salées, espèces épineuses) ; la rareté de l'aliment est souvent compensée par la durée du pâturage et la longueur du trajet. Le phénomène de transhumance permet, à son tour, une meilleure adaptation du dromadaire au rythme des disettes chroniques et surtout au besoin de rotation du troupeau camelin sur les différents types de parcours, nécessaires à la recherche d'un meilleur équilibre nutritionnel.

3-2- Ressources pastorales

La zone pastorale fréquentée par les dromadaires comprend les parcours de la région d'El Ouara situés à l'Est et au Sud de la chaîne montagneuse de Matmata (Région de Médenine) et les parcours du Dhahar situés au Sud du Chott El Jerid jusqu'à l'Erg Oriental.

Sur ces parcours on rencontre plusieurs types de végétations, halophiles autour des chotts ou non halophile dans le Dhahar, avec des espèces comme *Retama raettam, Aristida pungens, Calligonum azel* et *Rhantherium suaveolens* essentiellement.

La pluviométrie moyenne de ces régions varie entre 50 et 100 mm par année. Les parcours sont de faible valeur pastorale et leur production annuelle est estimée en moyenne à 50 Unités Fourragères (UF) par hectare (ha) pendant les bonnes années, mais plus souvent à 25 UF voire 10 UF par ha.

Les parcours salés sont surtout utilisés pendant la période hivernale. Les troupeaux de dromadaires pâturent dans cette zone de la fin de l'automne jusqu'au milieu du printemps, puis ils passent dans les zones non salées jusqu'à la fin de l'été.

4- Contention et prélèvements
4-1- Techniques de contention

Le dromadaire est un animal difficile à maîtriser, particulièrement les mâles entiers. Il est nécessaire, pour les prélèvements de sang, d'urine, de fèces, de lait ou la réalisation des biopsies, d'assurer une contention rigoureuse de l'animal. Si l'opérateur est rapide et habile, et l'animal naturellement calme ou habitué aux manipulations par l'homme (animaux des stations expérimentales, animaux astreints à des activités de travail quotidien), une contention très légère, animal debout et membres entravés voir sans entraves, permet de sécuriser la réalisation du prélèvement sanguin. Mais dans la quasi-totalité des cas, la contention des camélidés constitue l'investissement le plus considérable en temps et en énergie, lors de la réalisation du prélèvement.

La position naturelle de repos des camélidés est celle dite du « baraqué », l'animal étant placé en décubitus sternal, les membres repliés sous lui. En cas de contention classique, il importera de veiller à susciter par la force ou par la persuasion une telle attitude. Le plus souvent, le savoir-faire de l'éleveur suffit. Il incite par la voix ou la simple mise en place d'un licol, le « baraquement » de l'animal. Il peut être nécessaire d'ajouter au licol passé par un intervenant, le maintien d'un membre antérieur replié par un second intervenant. Le « baraquement » s'impose généralement spontanément dans ses conditions. Il suffit alors d'entraver les membres dès lors que la position est acquise pour empêcher le relevé au moment de l'intervention.

Cependant, l'animal peut être récalcitrant ou inquiet et refuser dans ce contexte de se plier aux injonctions de son maître. Lorsqu'il s'agit de mâles entiers en période de rut ou de femelles venant de mettre bas, l'exercice de contention peut devenir franchement difficile, sans un minimum de savoir-faire. Il convient dès lors d'intervenir plus fermement. Un des moyens largement utilisés par les éleveurs pour forcer le « baraquement » consiste à faire passer une corde derrière les membres postérieurs par deux intervenants situés de chaque coté de l'animal pendant qu'un troisième intervenant plie un des membres antérieurs. Les deux premières personnes tirent la corde de façon à pousser les membres postérieurs vers l'avant de l'animal, l'obligeant ainsi à plier l'ensemble de ses membres et à se reposer sur son coussinet sternal. Une fois baraqué, l'animal est maintenu dans cette position par l'entrave des deux membres postérieurs ajoutée à celle des membres antérieurs.

En effet pour se relever, les camélidés procèdent en deux temps, le premier étant l'extension des membres postérieurs. Toute entrave limite donc considérablement la capacité de l'animal à se relever. Si nécessaire, la saisie de la lèvre supérieure au moment de l'opération proprement dite de prélèvement assure l'immobilisation totale de l'animal.

On peut être amené à utiliser des méthodes destinées à tranquilliser l'animal, comme l'utilisation d'une cordelette munie d'un nœud coulant passée autour du cou. Cette corde provoque une constriction du flux sanguin au niveau de la veine jugulaire, ce qui conduit à un inconfort calmant l'animal et à l'avantage de susciter une turgescence de la veine jugulaire propice à une prise de sang ultérieure.

La contention d'un membre antérieur maintenu replié peut également suffire sans être amené à forcer le « baraquement ».

4-2- Prélèvement de sang

Le prélèvement de sang sur l'animal debout se fera de préférence cou tendu tiré vers le bas pour faciliter une turgescence veineuse. Les membres antérieurs seront entravés car certains animaux ont la capacité de frapper vers l'avant.

Sur l'animal baraqué, la prise de sang est rendue plus aisée sur le cou replié contre le corps de l'animal. Une telle position rend difficile tout mouvement intempestif et impossible le relevé. Les grands camélidés se servent de leur cou comme d'un puissant balancier pour reprendre la station debout. La zone de prélèvement sur la veine jugulaire est facilement repérable surtout après une pression, même légère, exercée à la base du cou ou de préférence, à mi-distance entre le thorax et la tête. Le point de prélèvement le plus aisé est situé près de la tête. Cependant chez le male cette région anatomique est dotée d'une pilosité abondante et longue qui peut rendre difficile la perception tactile de la veine jugulaire.

Le sang peut également être prélevé en d'autres endroits, notamment sur la veine métacarpienne médiale (visible sur la face médiale du carpe) et la veine métatarsienne dorsale (visible sur le bord cranio-latéral du métatarse entre les tendons extenseurs). Chez les femelles en lactation, il est aisé de prélever du sang de la veine mammaire généralement bien apparente.

4-3- Prélèvement d'urine

Les capacités de recyclage des éléments nutritifs chez le dromadaire font du rein un organe d'un intérêt considérable. Le dosage de paramètres urinaires renseigne en conséquence sur l'état de santé du rein.

Il existe des techniques de collecte des urines de 24 h consistant à mettre en place un sachet en plastique dont la forme est adaptée à l'appareil urinaire fixé à l'aide d'une colle et d'une ficelle.

4-4- Prélèvement de lait

Le prélèvement de lait chez la chamelle peut être parfois difficile à réaliser en dehors de la présence du chamelon si l'on n'a pas à faire à un animal habitué à la traite. Une injection d'ocytocine peut être nécessaire pour faciliter la descente du lait.

4-5- Prélèvement de fèces

Les fèces témoignent de l'excrétion des éléments apportés par l'alimentation ou liés au métabolisme interne. Leur analyse n'à donc d'intérêt qu'en cas d'intoxication d'origine digestive ou d'évaluation de l'excrétion de nutriments divers. Le prélèvement de fèces est surtout utilisé pour le diagnostic parasitaire.

II- ETUDE ANATOMIQUE

1- Rappel d'embryologie

Chez les mammifères l'ébauche thyroïdienne apparaît au niveau de la deuxième paire des poches oesophagiennes d'un embryon de 13 mm, elle est caudale par rapport à la 4ème poche pharyngienne et ventrale par raport à la trachée, elle apparaît sous forme d'une prolifération épithéliale dans le plancher de l'intestin pharyngien (HARRISON et MOHN, 1932) (**Figure 2**).

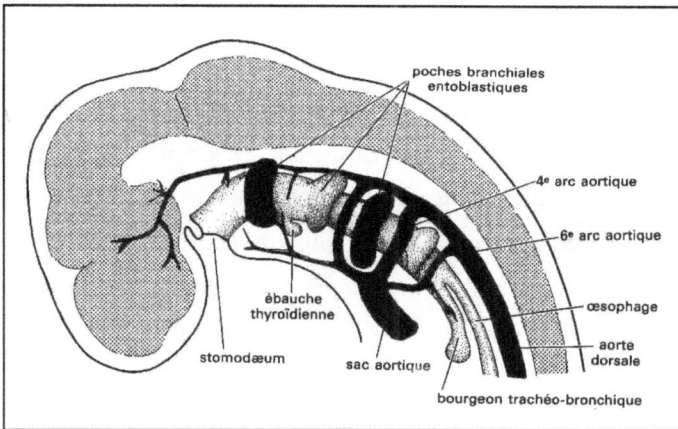

Figure 2 : Poches branchiales d'un embryon humain
(remarquez l'ébauche de la glande thyroïde et des arcs aortiques)
(LANGMAN, 1984)

Le développement embryologique de la glande thyroïde du dromadaire a été l'objet d'une étude détaillée dans les travaux de EL SHEICK (1966). Nous mentionnons les principales étapes de cette organogénèse. La thyroïde du dromadaire apparaît sous forme d'une masse compacte de petites cellules épithéliales de 3,5 micromètres de diamètre, l'ensemble étant enveloppé d'une capsule fibreuse de 30 à 40 micromètres d'épaisseur.

Pendant la différenciation, les cordes épithéliales se séparent des formations fibreuses de provenance capsulaire. Ces cordes apparaissent chez le dromadaire à la

9

fin de la vie intra-utérine. Les cellules formant les cordes ont une forme cubitale et un noyau large qui occupe une position centrale. Elles subissent de nombreuses divisions mitotiques. A un stade ultérieur, chez l'embryon âgé de 31 à 45 jours, apparaissent de petits follicules de 20 à 40 micromètres situés à la périphérie de la glande. Chaque follicule est formé de 6 à 10 cellules épithéliales qui font l'objet d'une activité mitotique. La différenciation des follicules thyroïdiens progresse de la périphérie vers le centre de la glande. C'est à partir du $52^{\text{ème}}$ jour que débute la sécrétion de la substance colloïde. Leur diamètre à ce stade est de 40 à 60 micromètres. La vascularisation autour des follicules périphériques s'intensifie dès le $70^{\text{ème}}$ jour, ce qui se traduit déjà par une activité sécrétoire.

Chez l'embryon de 80 à 120 jours, tous les follicules thyroïdiens périphériques et centraux renferment de la colloïde. Leur taille est de 60 à 80 micromètres et se composent chacun de 28 cellules environ. Pendant la vie fœtale, les follicules continuent à croître pour atteindre en définitive la taille de 80 à 150 micromètres. Selon les mêmes auteurs sus-cités, l'activité sécrétoire de la glande thyroïde du dromadaire commence très tôt, dès la $7^{\text{ème}}$ semaine et atteint son maximum au $8^{\text{ème}}$ mois de la vie intra-utérine.

2- Caractères généraux
2-1- Forme

En étudiant la conformation de la glande thyroïde du dromadaire, CURASSON (1947) lui attribue une forme allongée en cigare aplatie, alors que TAYEB (1956) décrit une forme plutôt triangulaire avec des extrémités crâniales et caudales arrondies. TAYEB (1956) ajoute que les lobes droit et gauche de la glande sont réunis caudalement par un isthme. L'ensemble réalise alors la forme d'un V.

LESBRE (1906) (*in* TAYEB, 1956) constate l'absence d'un isthme thyroïdien ; CURASSON (1947) remarque qu'il est plutôt inconstant.

2-2- Couleur

La couleur de la glande thyroïde des mammifères varie d'une espèce animale à l'autre. Selon LESBRE (1906) et TAYEB (1956) la couleur de la glande thyroïde du dromadaire est brun rougeâtre. AL BAGHDADI (1964) rapporte qu'elle est plus sombre que celle des autres mammifères domestiques.

2-3- Poids et dimensions

Les variations interspécifiques de dimensions et du poids de la glande thyroïde sont importantes. Ces paramètres varient aussi d'un individu à l'autre.

Chez le dromadaire, la longueur de chaque lobe thyroïdien est de 8 à 10 cm, sur 4 à 5 cm de large et son épaisseur varie entre 0,5 et 1 cm. Le poids de chaque lobe thyroïdien est compris entre 30 et 40 g (TAYEB, 1956).

3- Conformation

La glande thyroïde du dromadaire est formée de deux lobes isolés aplatis sur les côtés des cinq ou six premiers anneaux de la trachée. Un isthme réunit les deux lobes de la thyroïde (**Figure 3**). Ceux-ci sont plus ou moins épais et spatulés, compacts, de poids souvent inégaux (LESBRE, 1906).

Selon TAHA et ABDEL-MAGIED (1994) les deux lobes de la glande thyoïde du dromadaire sont placés latéralement et asymétriquement sur la région du cou, normalement entre le premier et le septième anneau trachéal, et sont reliés par l'isthme. Rarement, on trouve un lobe accessoire qui à une position caudale par rapport aux deux lobes thyroïdiens.

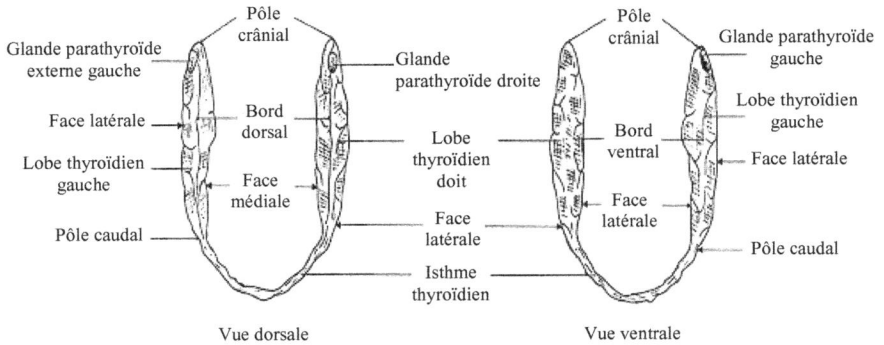

**Figure 3 : Glandes thyroïde et parathyroïde du dromadaire isolées
(ASLOUJ, 1997)**

Par leur forme et leur situation, les glandes thyroïdes du dromadaire rappellent celles des autres ruminants domestiques mais aussi celles de l'âne, du chien et du chat. Elles diffèrent des glandes thyroïdes du cheval dont les lobes ont la grosseur d'une noix et sont indépendants l'un de autre et des volumineuses glandes du porc, de couleur rouge foncé, très rapprochées, scutiformes et situées en bas du cou. L'isthme thyroïdien semble pérsister chez le dromadaire adulte.

4- Topographie

La glande thyroïde du dromadaire est située de chaque côté de la trachée, immédiatement après le larynx, au niveau des 5 ou 6 premiers anneaux trachéaux (CURASSON, 1947).

Selon TAYEB (1956) et AGBA et al., (1996), la position de la glande thyroïde du dromadaire est plus crâniale, elle serait située au niveau des 3 ou 4 premiers anneaux trachéaux.

C'est dans les travaux de ASLOUJ (1997) que nous trouvons une description détaillée de la topographie et des rapports des glandes thyroïdes du dromadaire. Selon lui elles se situent chez la plupart des sujets contre les six premiers anneaux trachéaux, débordent parfois en avant contre le cartilage cricoïde, et dépassent légèrement en arrière du sixième anneau, sans jamais dépasser le septième anneau de la trachée (**Figure 4**).

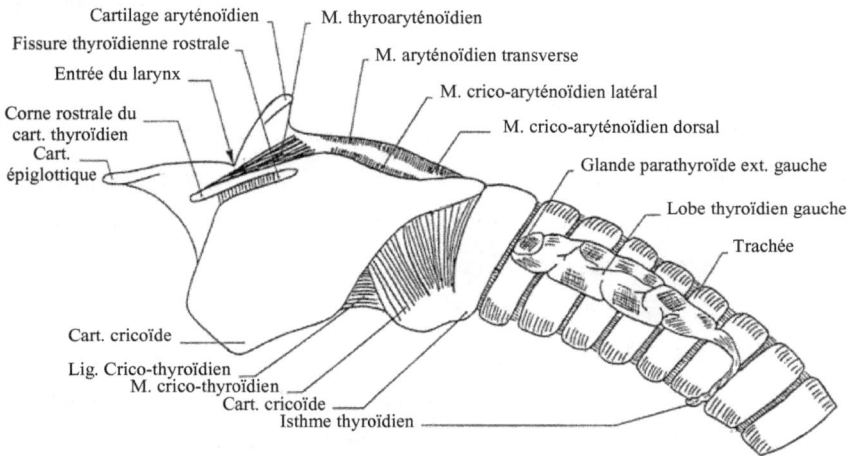

Cartilage aryténoïdien
Fissure thyroïdienne rostrale
Entrée du larynx
Corne rostrale du cart. thyroïdien
Cart. épiglottique
M. thyroaryténoïdien
M. aryténoïdien transverse
M. crico-aryténoïdien latéral
M. crico-aryténoïdien dorsal
Glande parathyroïde ext. gauche
Lobe thyroïdien gauche
Trachée
Cart. cricoïde
Lig. Crico-thyroïdien
M. crico-thyroïdien
Cart. cricoïde
Isthme thyroïdien

Figure 4 : Topographie de la glande thyroïde du dromadaire
(vue latérale gauche) (ASLOUJ, 1997)

Selon VENZKE (1975), la glande thyroïde est localisée entre le premier et le dixième anneau trachéal, souvent entre le deuxième et le septième. Cette localisation de la glande thyroïde est semblable à celle des ovins mais diffère de celle des équidés et des bovins.

D'après TAHA et ABDEL-MAGIED (1994), la glande thyroïde du dromadaire est constituée de deux lobes latéraux, reliés par leurs extrémités caudales par un isthme presque toujours présent. Ce dernier est soit épais et large, soit mince et étroit, donnant ainsi à l'ensemble une forme de « U » renversé.

5- Vascularisatio et innervation

5-1- Vascularisation

5-1-1- Artères

Selon TAHA et ABDEL-MAGIED (1994), la glande thyroïde du dromadaire est irriguée par deux artères, l'artère thyroïde crâniale qui irrigue la partie crâniale de la glande puis elle se divise en trois branches qui rejoignent trois endroits différents ; la thyroïde, le muscle sternohyoïde et le larynx. L'artère thyroïde caudale irrigue la partie correspondante de la glande, elle se divise en deux branches dont l'une se dirige vers l'extrémité caudale de la glande thyroïde et l'autre rejoint l'œsophage.

Les glandes parathyroïdes sont irriguées par des rameaux qui sont fournis par les deux artères thyroïdiennes.

5-1-2- Veines

En règle générale, il existe trois veines thyroïdiennes : une crâniale, une moyenne et une caudale qui sont responsables du drainage des glandes thyroïde et parathyroïde (GETTY, 1975).

Les veines naissent du réseau capillaire périfolliculaire, s'anastomosent pour former des plexus sous-capsulaires et se réunissent ensuite en un volumineux tronc commun. Ce dernier s'ouvre soit dans le tronc thyrolinguo-facial, soit dans la veine jugulaire interne, soit dans les troncs veineux brachio-céphaliques (VERNE, 1963).

Les capillaires parathyroïdiennes aboutissent aux veines thyroïdiennes, elles sont de type sinusoïde (GETTY, 1975).

5-1-3- Lymphatiques

Le premier anatomiste qui a étudié le tissu lymphatique thyroïdien est BOECHAT (1872) (*in* GRASSE, 1973).

AGBA et al., (1996), indiquent que le drainage lymphatique de la glande thyroïde du dromadaire se fait par le lymphocentre cervical profond. Celui-ci draine la lymphe provenant des noeuds lymphatiques cervicaux profonds crâniaux. Il ajoute que ces noeuds sont au nombre de trois et encadrent la glande thyroïde.

La lymphe semble jouer un rôle prépondérant dans la physiologie thyroïdienne. Le flux lymphatique thyroïdien subit des variations extrêmes suivant l'état physiologique des animaux.

Les vaisseaux lymphatiques de la glande thyroïde s'écoulent dans les nœuds lymphatiques cervicaux (GETTY,1975).

5-2- Innervation

L'innervation de la glande thyroïde du dromadaire n'est pas bien étudiée. Chez les mammifères en général, les glandes thyroïdes reçoivent une double innervation. Les fibres parasympathiques empreintent le nerf vague où l'une de ses branches collatérales. Les fibres sympathiques proviennent des ganglions cervicaux crânial et moyen. L'ensemble constitue le tronc vagosympathique.

MONTANE et al. (1978) et BARONE et SIMOENS (2010) ajoutent que le nerf laryngé caudal intervient aussi dans l'innervation de cette glande. L'innervation parasympathique des glandes thyroïdes se fait grâce à des rameaux très grêles qui accompagnent principalement l'artère thyroïdienne crâniale, et forment à la surface des glandes un plexus nerveux lâche. Ce plexus est renforcé par des rameaux issus des nerfs laryngés crânial et caudal.

L'innervation sympathique est assurée par des rameaux issus des ganglions cervicaux. Le ganglion cervical crânial émet des rameaux qui vont rejoindre le pôle crânial du lobe thyroïdien.

Le ganglion cervical moyen fournit des filets nerveux qui vont suivre l'artère thyroïdienne caudale et innerver le pôle caudal du lobe thyroïdien. L'ensemble des filets vagosympathiques forme un plexus périvasculaire et donne des branches qui pénètrent entre les follicules thyroïdiens, ces filets parviennent au tissu interstitiel et au tissu conjonctif thyroïdien et parathyroïdien (GETTY, 1975).

III- ETUDE HISTOLOGIQUE

1- Capsule fibreuse

Chez le dromadaire, la capsule est constituée d'un tissu conjonctif qui laisse échapper des septa donnant un support interne permettant de transporter les vaisseaux et les nerfs (AL BAGHDADI, 1964).

Le même auteur précise l'absence de vaisseaux lymphatiques dans la capsule des glandes étudiées.

2- Structure glandulaire

Le parenchyme glandulaire de la thyroïde du dromadaire comporte principalement des follicules thyroïdiens qui constituent l'unité structurale de la glande. Chaque follicule est constitué d'une seule couche de cellules épithéliales reposant sur une membrane basale et contenant une substance homogène : la colloïde. Les follicules apparaissent dès le 45ème jour de la vie foetale du dromadaire (EL SHEICH, 1966).

TAHA et al. (2000) font une description détaillée de la glande thyroïde du dromadaire après examen microspique optique et électronique. Elle est composée par des follicules de taille variable, ces follicules sont de grande taille en été (600 à 900 µm de diamètre) et de petite taille en hiver (100 à 400 µm de diamètre).

TAYEB (1956), distingue quatre types cellulaires, le premier correspond à l'élaboration lente de colloïde, les cellules sont de forme cubique et presque exclusivement présentes dans la glande des animaux jeunes. Le deuxième type est responsable de la résorption de la colloïde et de la sécrétion d'hormone dans le sang et dans la lymphe. Ces cellules sont cylindriques avec des vacuoles de Bensley. Le troisième type de cellules correspond à une élaboration rapide de colloïde, ce sont des cellules à gros noyau et à base élargie. Le quatrième type, enfin, a un aspect endothéloïde. Les cellules bordent les grosses vésicules bourrées de colloïde et possèdent une activité sécrétoire lente.

DELLMANN (1993) précise que le noyau est situé au niveau de la base de la cellule folliculaire. Le cytoplasme cellulaire comprend des mitochondries, un réticulum endoplasmique, des ribosomes et des polysomes. Le complexe de Golgi s'intercale entre le noyau et la surface cellulaire qui est de nature microvilleuse.

Les cellules C ou cellules parafolliculaires dérivent de la crête neuronale, elles appartiennent au système APUD (*Amine Precursor Uptake and Decarboxylation*) des cellules endocrines (VICARE, 1937). Ces cellules peuvent être soit isolées, soit groupées ; elles se caractérisent par un cytoplasme légèrement teinté, un petit réticulum endoplasmique, un complexe de Golgi abondant, plusieurs mitochondries et de nombreuses vésicules contenant la calcitonine. La forme de ces cellules est ovale, cubique, arrondie, ellipsoïde ou semblable à une poire.

Le noyau des cellules C est relativement grand, il occupe une position plus ou moins centrale dans le cytoplasme. Il présente un contenu chromatinien divers; la variété d'hétérochromatine a été principalement démontrée à la zone marginale. Cependant, l'euchromatine occupe une position plus centrale dans le noyau (MUBARAK et SAYED, 2005).

3- Substance colloïde

Il s'agit d'un liquide épais, de consistance comparable à celle de la colle forte, incolore ou jaunâtre. On peut y trouver des éléments desquamés et des cristaloïdes (VERNE, 1963). EL SHEICH (1966) précise que cette substance apparaît chez le foetus de dromadaire de 52 jours. ROUSSEAU (1960) précise qu'il s'agit d'une substance protidique riche en enzymes. Le constituant majeur de cette substance est la thyroglobuline, elle est élaborée par les cellules principales.

IV- HISTOPHYSIOLOGIE

1- Synthèse des hormones thyroïdiennes iodées

Les hormones thyroïdiennes iodées sont apolaires et sont synthétisées à partir de résidus tyrosine de la thyroglobuline. Il s'agit de la tri-iodothyronine (T3) et la tétra-iodothyronine ou thyroxine (T4). Elles contiennent respectivement trois et quatre atomes d'iode par molécule. L'iode contribue à la stéréospécificité hormonale et représente 64% du poids moléculaire de la thyroxine et 59% de la tri-iodothyronine (SCHLIENGER et al.,1997 ; BRAUN, 2002).

La thyroïde sécrète principalement la T4 qui est convertie en T3 par désiodation dans de nombreux organes périphériques, notamment le foie, sous l'action d'une enzyme, la thyroxine-5'-désiodase (enzyme sélénodépendante). Ainsi, 80% de la T3 provient de la conversion de la T4 et seulement 20% provient réellement de la synthèse thyroïdienne. La T3 est la forme hormonale biologiquement active, tandis que la T4 est considérée comme la forme circulante.

La biosynthèse des hormones thyroïdiennes se déroule en plusieurs étapes qui sont présentées dans la **figure 5**.

1-1- Capture des iodures plasmatiques

La première étape de la biosynthèse des hormones thyroïdiennes, est la capture de l'iode circulant à l'aide d'une pompe spécifique. L'iode provient de l'alimentation. Chez les ruminants, 70-80% de l'iode ingéré est absorbé directement dans le rumen, 10% dans le feuillet et très peu dans la caillette. Il est ingéré sous forme organique puis transformé en iodure dans l'intestin grêle.

L'iode est capté par la thyroïde essentiellement sous forme d'iodure. La thyroïde possède un mécanisme très efficace de concentration de l'iode plasmatique appelé pompe à iodure. La captation de l'iode par les cellules folliculaires se déroule au pôle basolatéral de la cellule épithéliale et implique un mécanisme de symporteur composé d'une pompe Na^+/K^+ ATP-dépendante couplée à un transporteur Na^+ / I^-. Le gradient de Na^+ entretenu par le mécanisme actif de la pompe Na^+/K^+ permet le fonctionnement passif du co-transport Na^+/I^-. La pompe à iodure est une glycoprotéine également exprimée dans la muqueuse gastrique, les glandes salivaires, l'intestin grêle, les glandes mammaires et les plexus choroïdes, tissus capables de concentrer l'iode. Ce transport saturable peut être inhibé par des anions monovalents (thiocyanate, perchlorate) qui prennent la place des ions iodures.

1-2- Iodation des résidus tyrosyles

L'iodure est en concentration très faible dans la glande thyroïde car il est acheminé dans la partie centrale du follicule pour être oxydé en quelques minutes par la thyroïde péroxydase (TPO) en iode organique (iodation : $2\ I^- \longrightarrow I_2 + 2\ e^-$). L'iode ainsi oxydé peut se lier aux résidus tyrosyles de la thyroglobuline au niveau du pôle apical de la cellule pour former des précurseurs des hormones thyroïdiennes, la mono-iodotyrosine (MIT) et la di-iodotyrosine (DIT).

1-3- Couplage

La thyroïde péroxydase intervient également dans le couplage des précurseurs des hormones thyroïdiennes. Le couplage est une étape plus lente qui dure de quelques heures à quelques jours. Ainsi, un résidu de mono-iodotyrosine (MIT) et de di-iodotyrosine (DIT) se combinent pour former la tri-iodothyronine (T3) ou la T3 reverse et deux résidus de di-iodotyrosine se combinent pour former la tétra-iodothyronine (T4). Les hormones thyroïdiennes ainsi synthétisées restent fixées sur la thyroglobuline. Lors de déficit transitoire en iode, il y a une augmentation de la synthèse de T3 par rapport à la T4 pour augmenter le rendement de biosynthèse de l'hormone thyroïdienne biologiquement active (GUYOT et ROLLIN, 2007).

1-4- Stockage

La thyroïde est une glande très riche en iode, car la colloïde permet le stockage de l'ensemble des molécules iodées suivante : la thyroglobuline associée à la T3 et à la T4, la MIT et la DIT.

1-5- Libération des hormones thyroïdiennes iodées

La libération des hormones thyroïdiennes dans la circulation sanguine met en jeu une microendocytose de la thyroglobuline de colloïde vers la cellule épithéliale. Il se forme des gouttelettes de colloïde contenant la thyroglobuline iodée. Ces gouttelettes fusionnent avec des lysosomes, dans lesquels l'hydrolyse par des enzymes protéolytiques permet la libération des hormones thyroïdiennes T3 et T4.

Quatre vingt pour cent (80%) des T3 libérées provient de la transformation de T4 en T3 par désiodation sous l'influence de la 5'-désiodase, l'iodure ainsi libéré peut être récupéré pour une nouvelle synthèse hormonale. Le recyclage de l'iodure est régulé par les besoins périphériques en hormones thyroïdiennes. Enfin, la T3 et la T4 diffusent à travers la membrane basale pour rejoindre la circulation générale, où elles sont transportées par des protéines plasmatiques, pour atteindre les tissus périphériques cibles (MASSART et CORBINEAU, 2006).

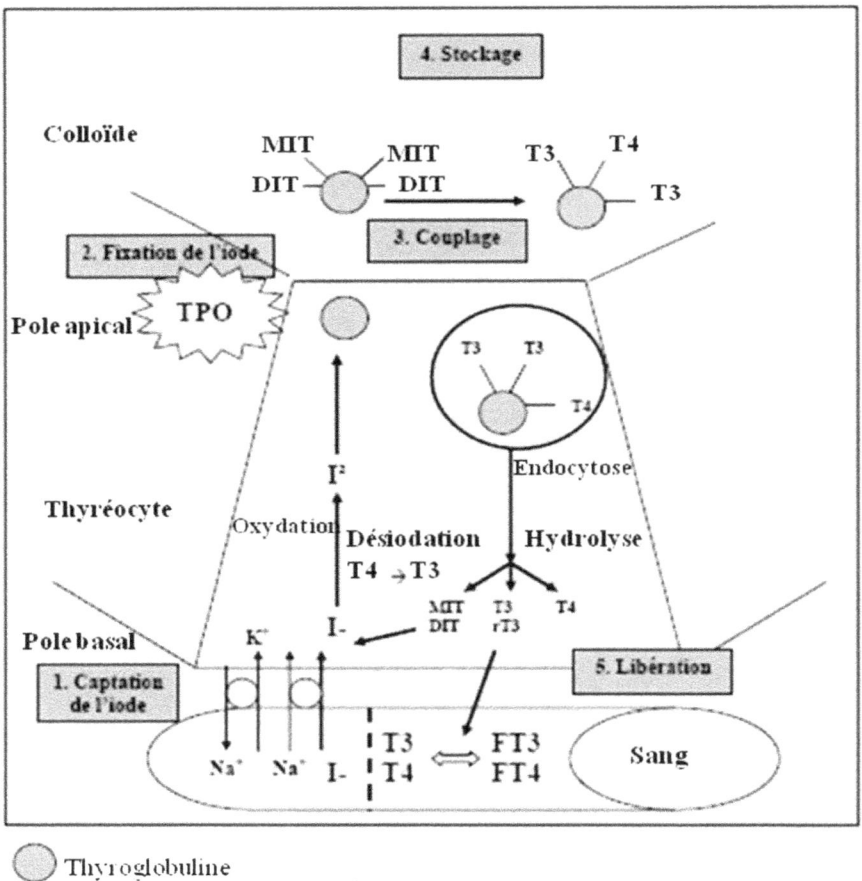

Figure 5 : Représentation schématique des différentes étapes de la biosynthèse des hormones thyroïdiennes (BRAUN, 2002)

2- Modalités de distribution des hormones thyroïdiennes iodées

2-1- Transport

Les hormones thyroïdiennes sont hydrophobes. Dans le plasma, elles sont liées à des protéines de transport spécifiques, en particulier la *thyroxine binding globulin* (TBG) et la *thyroxine binding prealbumin* ou transthyrétine (TBPA ou TTR) et une protéine non spécifique, l'albumine. Le rôle majeur des protéines de transport est de garantir un apport régulier des cellules et tissus en hormone thyroïdienne et de protéger l'organisme contre des changements brutaux de production ou de dégradation des hormones thyroïdiennes (FELDT-RASMUSSEN et KROGH-RASMUSSEN, 2007).

Les liaisons de T3 et T4 à des protéines de transport permettent aussi de limiter la perte d'iode ; en effet, le complexe TBP/T4 est assimilable à une macromolécule et n'est donc pas filtré par le glomérule rénal, ce qui limite la perte urinaire d'iode.

Ces protéines de transport sont retrouvées chez toutes les espèces mais avec des différences interspécifiques.

La TBG est la protéine majeure de transport des hormones thyroïdiennes. La TBPA ou TTR est présente chez toutes les espèces contrairement à la TGB qui est absente chez le chat, le rat, la souris, le lapin, le pigeon et la poule. Chez ces espèces, c'est donc l'albumine qui transporte la plus grande quantité d'hormones thyroïdiennes (KANEKO, 1997).

Par ailleurs, l'affinité de la T3 pour la TBG est inférieure à celle de la T4, c'est pour cette raison que la fraction libre de T4 est extrêmement faible.

2-2- Métabolisme et élimination

La conversion de T4 en T3 par désiodation s'effectue facilement dans tous les tissus de l'organisme, toutes les cellules sont capables de la réaliser, mais elle est quantitativement plus importante dans les hépatocytes, mais aussi dans les neurones, les ostéocytes ou encore les cellules épithéliales.

Cette conversion s'effectue grâce à l'enzyme 5'-monodésiodase. Cette enzyme est une sélénoprotéine, elle existe sous 2 formes : une désiodase de type I que l'on retrouve dans le foie, les reins et la thyroïde, et une désiodase de type II qui se situe dans le cerveau, l'hypophyse et la graisse brune. La 5'-désiodation permettant la transformation de T4 en hormone active T3 est qualifiée de désiodation périphérique, car elle a lieu en situation extra-thyroïdienne.

On considère que 100% de la T4 circulante est produite uniquement par la thyroïde, alors que 60 à 80% de la T3 circulante est issue d'une transformation hépatique et non directement d'une production thyroïdienne (FELDMAN et NELSON, 2004 ; SCOTT-MONCRIEFF et GUPTILL-YORAN, 2005).

Il existe de plus une autre sélénoprotéine au niveau du cortex cérébral, de la peau et du placenta : la 5-monodésiodase qui est une désiodase de type III. Elle intervient dans la 5-désiodation permettant de transformer T4 et T3 en rT3 inactive (BATES et al., 2000).

Cette conversion en rT3 est plus importante lorsque l'organisme est dans un état catabolique (jeûne, thermorégulation, maladies chroniques...).

Le foie, les reins et les muscles sont les tissus contenant le plus d'hormones thyroïdiennes. La T3 et la T4 sous forme libre, sont éliminées par le biais de biotransformations (sulfoconjugaisons, glucuronoconjugaisons et désaminations) qui ont lieu préférentiellement dans le foie (GAYRARD, 2007).

Ces biotransformations présentent l'intérêt d'augmenter l'hydrosolubilité des hormones et de faciliter ainsi leur élimination. Les métabolites sont excrétés majoritairement dans la bile et à un degré moindre dans les urines. Ces molécules conjuguées ne sont que très peu réabsorbées au niveau de l'intestin grêle.

En conclusion, la T3 est l'hormone thyroïdienne métaboliquement la plus active, son affinité pour les protéines plasmatiques étant moindre, elle pénètre plus facilement au travers des membranes plasmatiques, alors que la T4 est majoritairement produite par la thyroïde et est considérée comme une pro-hormone.

Le fait que la T3 résulte essentiellement d'une conversion de T4, montre que sa concentration plasmatique n'est pas représentative de la production thyroïdienne d'hormones.

Ainsi, on mesurera préférentiellement la concentration de T4 pour explorer l'activité thyroïdienne.

La production, le métabolisme, le transport et l'élimination de ces hormones sont régulés par plusieurs systèmes qui assurent une homéostasie thyroïdienne, et une efficacité métabolique adaptée aux conditions environnementales.

3- Régulation des hormones thyroïdiennes iodées

Dans le secteur vasculaire, les débits d'entrée et de sortie des hormones, ainsi que les concentrations en protéines de transport, régulent les concentrations d'hormones libres.

Il existe aussi d'autres systèmes régulant les concentrations plasmatiques de T3 et T4 qui sont une auto-régulation par rapport d'iode, une variation de la désiodation périphérique en fonction de divers critères et enfin surtout une régulation par le système hypothalamohypophysaire (**Figure 6**).

La figure résume de façon générale : la régulation de la glande thyroïde par le système hypothalamo-hypophysaire et ses rétrocontrôles, la régulation des concentrations d'hormones libres dans le secteur vasculaire et la conversion de T4 dans les tissus extra-thyroïdiens.

Ces diverses modalités vont être détaillées successivement.

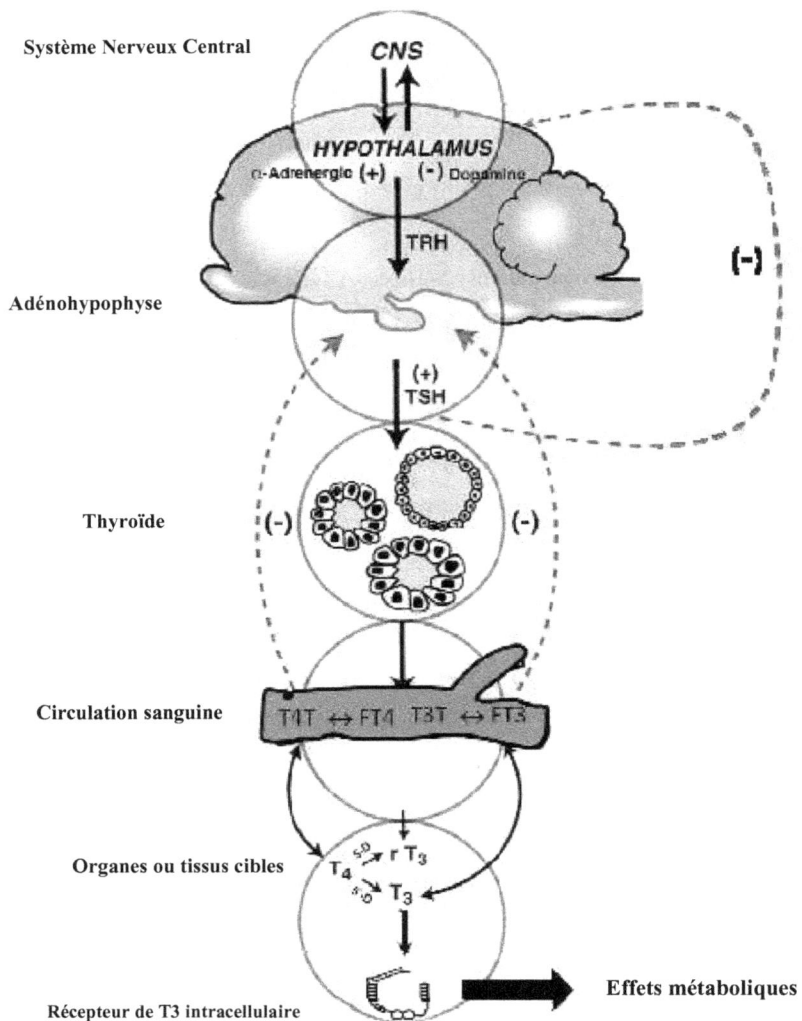

Figure 6 : Régulation de T3 et T4 depuis le système nerveux central jusqu'au niveau des tissus de l'organisme (d'après GULIKERS et PANCIERA, 2002)

3-1- Régulation par l'axe thyréotrope

La régulation neuro-hormonale des hormones thyroïdiennes iodées est réalisée par l'axe hypothalamo-hypophyso-thyroïdien appelé axe thyréotrope, constitué par l'hypothalamus, l'hypophyse et la glande thyroïde (**Figure 7**).

Les principales hormones mises en jeu sont : la TRH (*Thyrotropin Releasing Hormone*) libérée par l'hypothalamus, la TSH (*Thyroid Stimulating Hormone*) libérée par l'adénohypophyse et les hormones thyroïdiennes iodées T3, T4 et rT3.

Les noyaux tubérins et supra-optiques hypothalamiques reçoivent divers stimuli qui régulent la libération de TRH : la noradrénaline et la sérotonine la stimulent alors que la dopamine et le GABA l'inhibent. TRH est un tripeptide, il est libéré dans le système veineux porte hypophysaire et agit sur les cellules thyréotropes de l'adénohypophyse spécialisées dans la production de TSH. Il existe un autre neuropeptide hypothalamique (formé de 14 acides aminés), la somatostatine qui intervient également dans le fonctionnement de l'axe thyréotrope, mais de façon négative. Néanmoins, ce peptide reste principalement impliqué dans l'axe somatotrope et la production d'hormone de croissance (*Growth Hormone* ; GH) (ECKERSALL et WILLIAMS, 1983 ; FERGUSON, 1984).

La TSH sécrétée par l'adénohypophyse, stimule à son tour la synthèse et la libération d'hormones thyroïdiennes iodées par le biais de différents mécanismes (ECKERSALL et WILLIAMS, 1983).

La TSH est une hormone peptidique bicaténaire polaire reconnue par des récepteurs membranaires spécifiques des thyréocytes. Elle possède une chaîne α qui est commune aux autres hormones hypophysaires LH et FSH, et une chaîne β qui est spécifique du type d'hormone et de l'espèce animale. L'activation des récepteurs des thyréocytes conduit, à l'issue des mécanismes de transduction membranaire du signal hormonal, à l'activation de l'adénylate cyclase, et donc à la production d'AMPc comme messager intracellulaire prépondérant.

Ce nucléotide cyclique agit comme un activateur allostérique d'une enzyme multispécifique cytosolique de type Ser/Thr Kinase, la PKA (protein Kinase AMPc dépendante). Cette dernière est à l'origine des divers effets de la TSH sur les follicules thyroïdiens en phosphorylant les résidus Ser/Thr des protéines cibles, et en modulant ainsi leur activité biologique (BRET, 2005). Par conséquent, sous l'action de la TSH on observe une amplification de la pénétration active des iodures dans les thyréocytes par stimulation de la pompe Na+/I⁻, une augmentation de la synthèse et du stockage folliculaire de la colloïde, et une accélération de toutes les étapes de la synthèse des hTi par activation enzymatique. De plus, la TSH aurait également une action trophique directe sur les follicules (ECKERSALL et WILLIAMS, 1983).

Enfin, la TSH diminue la libération de TRH par un retro-contrôle négatif qualifié de court (FERGUSON, 1984).

D'autres mécanismes de rétrocontrôle négatif interviennent dans le contrôle de l'axe thyréotrope (**Figure 7**):

- un rétro-contrôle négatif ultra-court de TRH sur sa propre production, à l'origine d'une sécrétion pulsée de l'hormone hypothalamique,

- un rétro-contrôle négatif court de la TSH sur l'hypothalamus,

- un rétro-contrôle négatif long des hormones thyroïdiennes iodées sur l'hypothalamus et l'adénohypophyse (DEGROOT, 1989).

Ainsi, une diminution de la concentration plasmatique des hormones thyroïdiennes iodées libres induit une diminution du rétrocontrôle négatif qu'elles exercent normalement, ce qui a pour conséquence d'augmenter les concentrations plasmatiques de TRH et TSH.

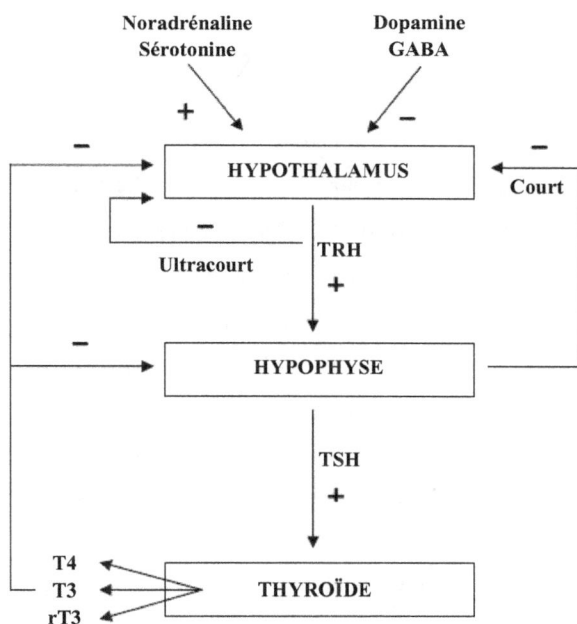

Figure 7 : Représentation schématique de l'axe hypothalamo-hypophyso-thyroïdien (ROUQUET, 2010).

TRH : *Thyrotropin Releasing Hormone*, **TSH** : *Thyroid Stimulating Hormone,*
GABA : acide γ amino butyrique

3-2- Variation de la désiodation périphérique

La désiodation périphérique par la 5'-monodésiodase est essentiellement hépatique. Néanmoins, elle se déroule également dans les différents tissus cibles des hTi et dans le système nerveux central. Elle permet, selon les besoins de l'organisme, soit à partir de la T4, la synthèse de la T3 qui est la forme active, soit celle de la forme inactive 3,3'-diiodothyronine (3,3'-T2) à partir de la rT3 (FERGUSON, 1984). Une autre désiodase, la 5-monodésiodase, intervient également dans la conversion de T4 en rT3. La régulation combinée des deux désiodases permet en fait d'adapter la production de tri-iodothyronines (T3 et rT3) en fonction des besoins de l'organisme (BRET, 2005).

Plusieurs maladies intercurrentes comme le diabète sucré ou l'hypercorticisme, et plusieurs composés (Propylthiouracil, produits iodés de contraste…) sont associés à une inhibition de la 5'-désiodase dans les tissus périphériques. Cliniquement, on constate une diminution d'activité de l'enzyme convertissant la T4 en T3, donc la concentration de T3 diminue tandis que celle de la rT3 augmente, excepté dans le cerveau où une 5'-désiodase non sensible à la plupart des anti-thyroïdiens continue d'exercer sa fonction, ce qui assure la pérennité du contrôle de l'axe thyréotrope ainsi que les effets neurotrophiques de la T3 (FERGUSON, 1988).

En cas de défaillance soudaine de la thyroïde, l'auto-régulation de la désiodation permet de conserver dans un premier temps les concentrations plasmatiques de T3 dans les valeurs usuelles. La désiodation de T4 en T3 devient alors prioritaire pour contrebalancer la diminution de synthèse des hTi, essentiellement de la T4 ; ainsi, les concentrations plasmatiques de T4 diminuent en dessous des valeurs usuelles alors que celles de T3 demeurent comprises dans les valeurs usuelles (FERGUSON, 1988).

3-3- Auto-régulation par l'iode

Le système d'auto-régulation par l'iode entraîne une modification du métabolisme thyroïdien en fonction des apports alimentaires en iode. La quantité d'hormones thyroïdiennes produites varie alors inversement avec l'apport en iode de l'organisme.

En cas de déficit en iode, la capture d'iodures par les thyréocytes augmente, entraînant une halogénation « diffuse » d'un grand nombre de résidus tyrosyles, à l'origine d'une augmentation du rapport MIT/DIT et d'un accroissement de la production intrathyroïdienne de T3 (BRET, 1990 et 2005).

En parallèle, une carence en I_2 stimule la production antéhypophysaire de TSH qui, à son tour, renforce les étapes d'organification des iodures et la production des hTi. Les follicules thyroïdiens sont pleinement actifs, caractérisés par une intense activité de réabsorption de la colloïde. Le rapport T4/T3 diminue, et cela correspond à une économie d'iode, car la production de l'hormone active devient prioritaire. Par cette adaptation, il y a donc un maintien du pool d'hormones (DEGROOT, 1989). Un régime carencé en iode mène ainsi à une hyperplasie thyroïdienne et à une augmentation des taux de fixation des iodures grâce à la production accrue de TSH qui stimule l'organification de l'iode et le trophisme du parenchyme thyroïdien (FELDMAN et NELSON, 2004).

Lors d'un excès en iode, les mécanismes d'auto-régulation, appelés effets de Wolff-Chaikoff, correspondent au blocage de l'iodation de la thyroglobuline, à la réduction de la réceptivité de la glande thyroïde à l'égard de la TSH et donc à une diminution de la production d'hormones thyroïdiennes iodées (FELDMAN et NELSON, 2004).

Malgré les fluctuations de la disponibilité en iode, ce mécanisme d'auto-régulation permet de conserver une synthèse hormonale constante (GAYRARD, 2007).

La régulation de la synthèse des hormones thyroïdiennes iodées présente des mécanismes adaptatifs permettant d'éviter des fluctuations trop importantes des concentrations de T3 et T4. Que ce soit des rétro-contrôles ou des auto-régulations, le but est de maintenir la fonction thyroïdienne car elle est essentielle au métabolisme général de l'organisme. Il est intéressant d'étudier le mode d'action de ces hormones, ainsi que leurs principaux rôles au sein de l'organisme.

4- Mode d'action et rôles des hormones thyroïdiennes iodées

Les hormones thyroïdiennes iodées (hTi) libérées dans la circulation sanguine, vont être distribuées à l'organisme, nous allons décrire leurs modes d'action au niveau cellulaire puis nous étudierons leurs principaux rôles.

4-1- Mode d'action des hormones thyroïdiennes iodées

Les hormones thyroïdiennes iodées sont des hormones apolaires, elles sont capables de traverser la membrane plasmique des cellules afin d'atteindre le récepteur spécifique a localisation nucléaire (BRET, 2005). Le complexe hTi-récepteur ainsi formé va se fixer sur l'ADN et agir comme un facteur de régulation de la transcription de différents gènes. Nous allons nous étudier les différentes étapes du mode d'action des hTi, et notamment de T3 qui est l'hormone la plus active.

4-1-1- Prise en charge intra-cellulaire de T3

Après avoir traversé la membrane plasmique, T3 se retrouve dans le cytosol qui est un milieu hydrophile. Etant donné que T3 est une hormone liposoluble, elle est prise en charge par des transporteurs spécifiques : les calicylines ou lipocalines. Ces protéines de transport créent des interactions hydrophobes fortes avec T3, et la conduisent jusqu'au noyau. Par interaction avec les pores nucléaires, le complexe calicyline-T3 se dissocie et la T3 pénètre dans le nucléoplasme où elle se combine avec le récepteur libre (BRET, 2005). Nous allons voir qu'il existe plusieurs types de récepteurs et comment ils fonctionnent.

4-1-2- Fonctionnement des récepteurs nucléaires de la T3

Il existe cinq types de récepteurs nucléaires à T3 : erbA, β_1 T3R, β_2 T3R, α_1T3R, α_2 T3R (BRET, 2005).

Le erbA est un récepteur oncogène, il n'est régulable ni par T3 ni par T4.

Le β_1T3R n'est pas régulé par la T3, on le trouve dans les reins et dans le foie.

Le β_2T3R est inhibé par la T3 et on le trouve dans l'adénohypophyse.

Le α_1T3R est inhibé par la T3 et on le trouve dans les muscles et dans le tissu adipeux.

Le α_2T3R est faiblement régulé par T3, et on le trouve au niveau du système nerveux central. Ces récepteurs possèdent un domaine spécifique de reconnaissance de T3 à l'extrémité C terminale. Ensuite, deux domaines de type « leucine *zipper* » assurent la dimérisation d'un premier complexe T3-récepteur avec un deuxième complexe (**Figure 8**). Le récepteur possède aussi un domaine de fixation sur l'ADN qui occupe une position centrale. Ce domaine se compose de deux doigts de Zinc (« Zn fingers ») qui comporte chacun une boucle d'acides aminés (17 à 20 acides α -

aminés) formées grâce à 4 liaisons avec un ion Zn^{2+}. Enfin, les récepteurs possèdent un domaine de localisation nucléaire.

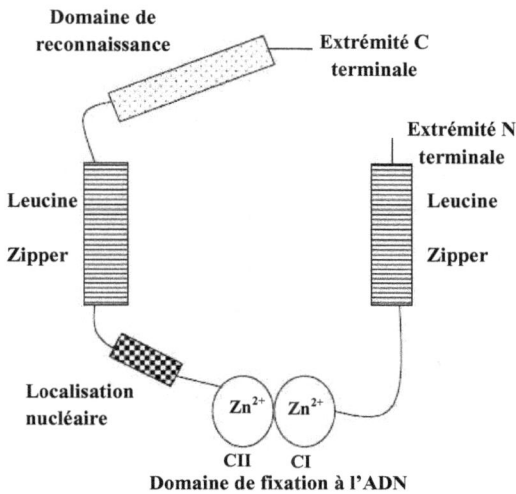

Figure 8 : Récepteur nucléaire spécifique des hormones thyroïdiennes iodées (d'après BRET, 2005)

Après reconnaissance de T3 par le domaine spécifique, l'hormone apolaire se fixe sur son récepteur et forme ainsi un complexe T3-récepteur. Ce complexe va se dimériser avec un autre complexe semblable grâce aux « leucine *zipper* », et ces dimères vont se fixer à l'ADN. Chaque complexe T3-récepteur va se fixer à une boîte de régulation de l'ADN de type « enhancer » appelée *Thyroid Responsive Element* (TRE). Le doigt de Zn nommé CI va reconnaître spécifiquement un demi-TRE sur l'ADN tandis que le CII sert à stabiliser l'interaction spécifique entre CI et le demi-TRE. En effet, chaque complexe T3-récepteur du dimère occupe la moitié de la séquence du TRE (**Figure 9**). Lorsque la séquence est occupée de façon complète, c'est-à-dire par le complexe multimérique composé des deux complexes T3-récepteur, elle est activée et la transcription démarre (BRET, 2005).

En plus des récepteurs nucléaires décrits, il existerait des récepteurs membranaires qui impliqueraient des mécanismes d'action non génomiques des hTi, leur intervention apparaît mineure et les mécanismes mis en jeu sont encore ignorés (DAVIS et DAVIS, 1996).

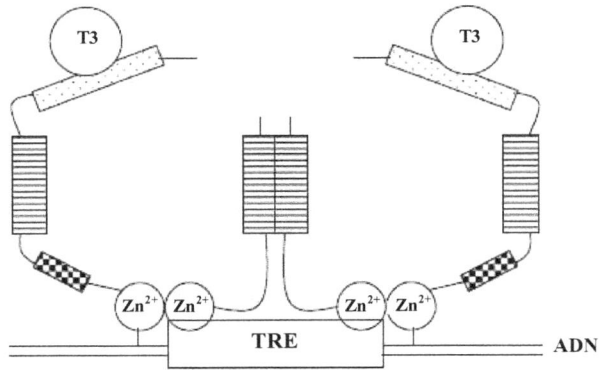

**Figure 9 : Complexe multimérique fixé sur une séquence TRE de l'ADN
(d'après BRET, 2005)**

4-1-3- Régulation de la transcription et conséquences

Le complexe multimérique formé et fixé à une séquence TRE (**Figure 9**) favorise l'établissement des interactions avec le complexe de la transcription. Si le complexe d'initiation est ainsi stabilisé, il y a une amplification considérable de la transcription, on parle alors d'un mécanisme d'induction. Si le complexe d'initiation est déstabilisé par le complexe multimérique hormones-récepteurs, il y a alors répression de la transcription. De la même manière qu'il existe plusieurs sortes de récepteurs aux hTi, il existe plusieurs sous-types de TRE (BRET, 2005).

Les effets biologiques induits sont différés car il faut le temps de la mise en place de la transcription et de la transduction des gènes, mais ces effets sont intenses et durables (BRET, 2005).

La T3 va par exemple induire l'expression d'enzymes impliquées dans les différentes réactions exergoniques ou produisant de l'ATP : enzymes du cycle de Krebs, de la β -oxydation, ou encore de la chaîne respiratoire mitochondriale. Elle augmente alors l'intensité du métabolisme basal et la production de chaleur (PILLAR et SEITZ, 1997). Les sujets hypothyroïdiens montrent une intolérance au froid et les hyperthyroïdiens une intolérance à la chaleur.

La compréhension de ce mode d'action génomique des hTi avec une capacité d'amplifier ou de réprimer l'expression de gènes codant pour un grand nombre de protéines, comme les enzymes impliquées dans les réactions exergoniques, est importante avant d'envisager les rôles des hTi.

4-2- Rôles des hormones thyroïdiennes
4-2-1- Rôles trophiques

Les hTi interviennent dans le développement, la maturation et la croissance de nombreux tissus et organes lors de la période périnatale (QUEINNEC, 1990 ; EL KHASMI et al., 1999). Elles ont un rôle important dans la croissance osseuse et musculaire, elles stimulent la croissance des os longs chez les jeunes en induisant la différenciation des ostéoblastes en ostéocytes. Lors d'hypothyroïdie chez un jeune, on observe un nanisme disharmonieux, caractérisé par une croissance normale des os plats et courts (crâne et tronc) alors que celle des os longs (membres) est considérablement ralentie (BRET, 2005).

De plus, elles interviennent dans la production du NGF (*Nervous Growth Factor*) qui régule la myélinisation des fibres cérébrospinales, la maturation des neurones du cerveau et du cervelet ainsi que le trophisme des neurones corticaux. L'hypothyroïdisme a donc des répercussions nerveuses graves sur un jeune en croissance, rassemblées sous le terme de «crétinisme», entraînant des déficits psychomoteurs (SCOTT-MONCRIEFF et GUPTILL-YORAN, 2005).

Enfin, la T3 intervient dans le renouvellement des follicules pileux par une action stimulante et une hypothyroïdie sera associée à des situations d'alopécie (BRET, 2005).

4-2-2- Métabolisme basal

Les hormones thyroïdiennes ont un rôle important et constant dans le maintien de l'homéostasie en stimulant le métabolisme basal de l'organisme. Elles régulent la thermogénèse et augmentent la consommation d'oxygène. On note une augmentation du métabolisme de base lors d'hyperthyroïdie, et au contraire une diminution de ce métabolisme lors d'hypothyroïdie (FELDMAN et NELSON, 2004).

Globalement, T3 et T4 ont une action stimulante des principaux métabolismes protéique, glucidique et lipidique. A dose physiologique, ces hormones stimulent la synthèse protéique notamment au niveau musculaire ainsi que leur catabolisme. A une dose supraphysiologique, elles favorisent le catabolisme protéique et la diminution rapide de la masse musculaire (FAYSAL et LEVON, 1977 ; DEGROOT, 1989).

Elles sont hyperglycémiantes car elles augmentent la glycogénolyse hépatique par une induction des enzymes clefs de la néoglucogenèse, l'assimilation intestinale du glucose et la dégradation de l'insuline (GAYRARD, 2007).

De plus, elles stimulent le métabolisme lipidique en favorisant la lipolyse des triglycérides du tissu adipeux et la conversion du cholestérol en acides biliaires.

L'hyperthyroïdie est ainsi caractérisée par une diminution de la cholestérolémie, tandis que l'hypothyroïdie est plus souvent associée à une hypercholestérolémie (BRET, 2005).

Les hormones thyroïdiennes iodées participent aussi au contrôle de la synthèse des pompes à sodium membranaires dont le fonctionnement assure l'osmolarité du milieu intracellulaire. L'énergie dépensée par ces pompes représente une part importante du métabolisme basal (BERLEMONT, 1998).

D'après ces différentes actions, une insuffisance en hormones thyroïdiennes iodées a pour conséquence une diminution du métabolisme basal, une diminution de la température corporelle et un ralentissement de la conduction nerveuse.

4-2-3- Régulation des grandes fonctions

Les hormones thyroïdiennes ont un rôle clé au niveau de la régulation du système cardio-vasculaire et de la fonction digestive. Elles ont une action chronotrope positive directe et elles potentialisent les effets chronotropes et inotropes positifs des catécholamines (PANCIERA, 1994). La T3 exerce notamment un rôle direct sur les récepteurs β_2 des cardiomyocytes, menant à des effets tachycardisants (BRET, 2005). Une tachycardie, une augmentation d'appétit sans prise de poids et une diarrhée seront des signes d'hyperthyroïdie.

A l'inverse, l'hypothyroïdie s'accompagne de dysorexie voire d'anorexie avec une constipation et une tendance à la bradycardie (FELDMAN et NELSON, 2004).

Les hormones thyroïdiennes augmentent les besoins périphériques en oxygène. Ces besoins diminuent à la faveur d'une hypothyroïdie, ce qui entraine une diminution de la sécrétion d'érythropoïétine (EPO). Ainsi, l'hématopoïèse sera aussi perturbée pouvant mener à une anémie normocytaire normochrome arégénérative (BERLEMONT, 1998).

Les hormones thyroïdiennes interviennent dans la fonction reproductrice lors de la spermatogénèse et lors de la maturation des follicules ovariens (FELDMAN et NELSON, 2004).

En résumé, aucun tissu ou organe n'échappe aux effets d'un excès ou d'une insuffisance en hormones thyroïdiennes iodées. Le métabolisme général de l'organisme est étroitement dépendant de ces dernières.

5- Exploration biologique de la fonction thyroïdienne

5-1- Quels dosages d'hormones thyroïdiennes et quels types de prélèvements ?

Le dosage des hormones thyroïdiennes totales est généralement réalisé par radioimmunologie (R.I.A.), cette méthode présente une sensibilité suffisante (de l'ordre du pg/ml) pour déterminer les concentrations des hormones libres. Néanmoins, la manipulation d'isotopes radioactifs est contraignante, elle nécessite la mise en place de mesures de radioprotection, de gestion des déchets et des locaux adaptés (PARADIS et PAGE, 1996). La méthode R.I.A. est remplacée progressivement par la méthode immuno-enzymatique.

Le très faible taux de la fraction libre des hormones thyroïdiennes (0,02% pour la T4 et de 0,1 à 0,3% pour la T3) rend difficile la mesure directe de la concentration des hormones libres. Le dosage des hormones libres est réalisé par une technique de dialyse à l'équilibre, qui constitue la technique de référence. Cette méthode nécessite un traceur radioactif et est relativement lourde à mettre en œuvre. Elle n'est pas applicable à des dosages en routine dans le cadre de la clinique (SAPIN et SCLIENGER, 2003). Des dosages R.I.A. et immuno-enzymatiques directs des hormones thyroïdiennes libres ont également été développés chez l'homme et sont aujourd'hui des méthodes couramment utilisées. L'ajout d'un agent bloquant permet de conserver l'équilibre entre l'hormone libre et liée pour doser spécifiquement la fraction libre (WITHERSPOON et al., 1988). Chez l'homme, les limites de détection de ces deux techniques R.I.A. et immuno-enzymatique pour la T4 libre et la T3 libres sont respectivement inférieures à 2 pmol/l et à 0,5 pmol/l (SAPIN et SCLIENGER, 2003).

A notre connaissance, il n'existe pas de méthode directe de dosage des hormones thyroïdiennes libres chez les ruminants. D'autres techniques de spectrophotométrie de masse associées à une chromatographie en phase liquide permettent de séparer les différentes hormones T4 et T3 libres et liées mais sont lourdes et onéreuses (GU et al., 2007).

La détermination du taux d'hormones thyroïdiennes peut s'effectuer indifféremment sur un échantillon de plasma ou de sérum ; les résultats obtenus sont similaires (HEGSTAD-DAVIES, 2006). Le mode de conservation le plus commode est la congélation, en effet, le sérum est stable 8 jours à 4°C et doit être congelé à – 20°C au delà de 8 jours (SAPIN et SCLIENGER, 2003).

5-2- Quelle hormone doser ?

Le diagnostic des pathologies thyroïdiennes est difficile à établir par l'absence de signes cliniques pathognomoniques, des examens complémentaires d'exploration de la thyroïde chez l'homme, comme chez l'animal, sont souvent entrepris. Les modifications du fonctionnement thyroïdien peuvent être liés à une défaillance au niveau de l'axe hypothalamo-hypophyso-thyroïdien ou à des phénomènes périphériques (désiodation, métabolisme hépatique des hormones thyroïdiennes).

La concentration plasmatique de T4 constitue un bon reflet du fonctionnement thyroïdien car son origine est exclusivement thyroïdienne. Par contre, 80% de la T3 plasmatique provient des désiodases périphériques de la T4, et la concentration de T3 reflète plutôt ce niveau de régulation périphérique. Ensuite, seule la fraction libre des hormones thyroïdiennes est capable d'atteindre sa cible et d'avoir un effet biologique.

Le dosage de la TSH en complément des dosages des hormones thyroïdiennes est réalisé en routine chez l'homme et permet d'identifier l'étage affecté (hypothalamus, hypophyse ou thyroïde) (KANEKO, 1997).

Chez le chien ou le chat, différents tests d'exploration de la thyroïde sont utilisés par les vétérinaires. Le test de stimulation à la TSH consiste à administrer à un chien 0,1UI/kg de TSH purifiée par la voie intra-veineuse et de mesurer la concentration plasmatique de T4 libre quatre heures avant et après l'administration (HEBERT, 2006).

Le test de freination de la sécrétion de T4 par la T3 chez le chat est proposé pour confirmer ou infirmer le diagnostic d'hyperthyroïdie. Il consiste à administrer 25 µg de T3 *per os* trois fois par jour pendant 48 heures, puis à doser les concentrations sériques de T4 avant administration de T3 puis deux à quatre heures après la dernière administration (HEBERT, 2006).

En raison de leur lourdeur, ces examens complémentaires ne sont pas fréquemment utilisés par les praticiens qui choisissent plutôt le diagnostic thérapeutique, le diagnostic est confirmé par la disparition des signes cliniques suite à la mise en place d'un traitement adapté (DAN ROSENBERG, 2004).

Chez les animaux de rente, l'exploration de la fonction thyroïdienne a plusieurs objectifs :

- mettre en évidence un état de carence ou de sub-carence en oligoéléments responsables de troubles de production,

- diagnostiquer un dysfonctionnement thyroïdien tel que l'hypothyroïdie ou l'hyperthyroïdie.

En production animale, seul le dosage de la T4 totale est réalisé en routine, pour des raisons de coût et de simplicité.

6- Rôle de la cellule C
6-1- Origine et propriétés biochimiques de la calcitonine

La calcitonine est sécrétée par les cellules C (appartiennent au système endocrinien diffus « APUD »). C'est une hormone peptidique de 32 acides aminés dont la structure et l'activité biologique varient selon les espèces.

Le mode d'action cellulaire de la calcitonine passe par la stimulation de l'AMPc dans les cellules cibles : le taux d'AMPc augmente lors d'administration de calcitonine, mais à une moindre mesure que lors d'administration de parathormone. Les cellules porteuses de récepteurs cellulaires à calcitonine sont présentes sur l'os et le cortex rénal.

6-2- Activité biologique

Au contraire de la parathormone, la calcitonine est hypocalcémiante. Elle agit principalement sur le tissu osseux en inhibant la résorption osseuse. En effet, les vertébrés soumis à un apport régulier de cette hormone ont un squelette plus dense. La calcitonine réduit le nombre et l'activité des ostéoclastes et stimule l'accrétion osseuse via un récepteur des ostéoclastes.

Au niveau rénal, la calcitonine diminue la résorption tubulaire du calcium (et donc augmente la calciurie), des phosphates et des chlorures. En outre, la calcitonine inhibe la 1- α -hydroxylase et diminue donc la formation de calcitriol en augmentant la synthèse de 24,25-dihydrocholécalciférol. Ainsi, elle a une action digestive indirecte. Elle agit également au niveau d'autres tissus tels que le muscle et le foie, en augmentant la capture de calcium et de phosphates de ces tissus. A part cette action hypocalcémiante, la calcitonine a des propriétés antalgiques et anti-inflammatoires. Enfin, elle diminue la sécrétion de gastrine et de suc pancréatique.

6-3- Régulation de la sécrétion de calcitonine

La sécrétion de cette hormone est favorisée par une hypercalcémie. Le glucagon et les hormones gastro-intestinales (gastrine par exemple) ainsi que la prise alimentaire qui stimulent la sécrétion de calcitonine. Les catécholamines (dont l'adrénaline) ont la même action. Le stress peut déclencher des décharges de calcitonine. Ceci explique pourquoi les β -bloquants et en particulier le propanolol (utilisés dans le traitement de la fièvre vitulaire chez la vache) diminuent la calcitoninémie. En outre, la vitamine D3 a la capacité de stimuler les cellules C (WON et al., 1996) (**Figure 10**).

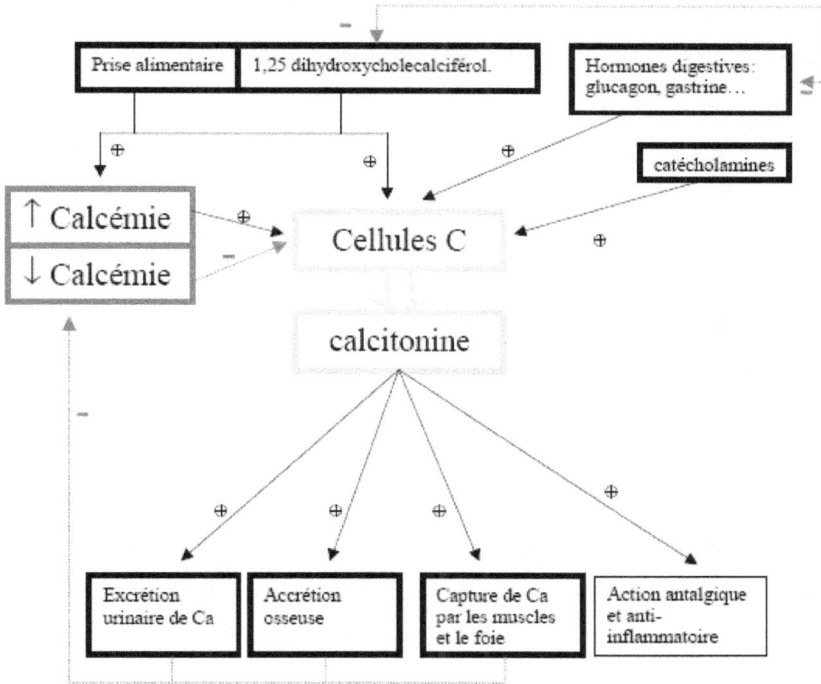

Figure 10 : Régulation et activité de la calcitonine (WON et al., 1996)

V- ETUDE DE QUELQUES CAS PATHOLOGIQUES : LE GOITRE

Le goitre est une augmentation du volume de la thyroïde. Cette pathologie représente la maladie endocrinienne la plus répandue dans le monde chez l'homme, qu'il soit sporadique ou endémique, diffus ou nodulaire. Chez les animaux, le goitre semble très courant chez le dromadaire, dans la région du Darfour (Soudan) où cette animal s'est révélé plus sensible que les autres espèces à la carence en iode (TAGELDIN et al., 1985).

Le goitre « augmentation de volume de la thyroïde » prête à discussion. En effet, le volume thyroïdien normal est difficile à déterminer et dépend des régions et de leur environnement iodé : par exemple, chez l'homme, telle personne considérée comme ayant une thyroïde normale à Munich aura une hypertrophie thyroïdienne si elle est examinée à Stockholm (GLINOER, 1996). Jusque dans les années 1950, on estimait qu'une thyroïde normale devait peser entre 20 et 25 g, la limite supérieure étant de 35 g. Plus récemment, des études réalisées dans des pays ayant un apport iodé suffisant, ont estimé que le poids normal de la thyroïde chez l'homme était de 10 g, avec une limite supérieure de 20 g (SIMINOSKI, 1995).

1- Etude anatomopathologique

La classification anatomopathologique classique des goitres se fait en trois stades selon la chronologie de leur évolutions naturelles.

1-1- Goitre hyperplasique

La thyroïde est augmentée de volume de façon homogène et diffuse, souvent hyper- vascularisée. Les follicules sont de petite taille, collabés et contiennent une substance colloïde très peu abondante. Les cellules épithéliales sont de haute taille et disposées en colonnes. A un stade extrême, l'importance de la cellularité et la grande taille des cellules peuvent prêter à confusion avec une prolifération maligne (STUDER et DERWAHL, 1995).

1-2- Goitre colloïde

À ce stade commence un processus d'involution et les follicules hyperplasiques recommencent à accumuler de la substance colloïde qui produit un aspect luisant sur les tranches de section. L'épithélium s'aplatit progressivement et devient cubique, proche de l'épithélium d'une glande normale. Cette accumulation de colloïde n'est pas uniforme certains follicules sont excessivement distendus alors que d'autres restent petits et hyperplasiques (NUNEZ et LECLERE, 2001).

1-3-Goitre multinodulaire

Il représente un stade avancé de l'évolution d'un goitre. Sa principale caractéristique est l'hétérogénéité des nodules formés par les nouveaux follicules. Elle est renforcée par l'altération du réseau vasculaire conduisant à des hémorragies focales, des dépôts d'hémosidérine, des phénomènes d'inflammation, de nécrose, de calcification et de fibrose.

On distingue deux types de goitres nodulaires (DERWAHL et STUDER, 2000) :

- l'un, porteur d'un ou plusieurs nodules mal circonscrits ou bien encapsulés, ressemblant à de vrais adénomes (goitre adénomateux),

- l'autre, constitué de nodules de taille et de structure très variables. Les uns sont composés de petits follicules ou de tissu solide contenant très peu de colloïde, les autres de grands follicules avec une abondante substance colloïde.

2- Pathogénie

Les intervenants de la régulation de la prolifération des cellules thyroïdiennes ne se limitent pas à l'hormone thyréotrope (TSH) et la carence iodée. De multiples facteurs extrinsèques, facteurs de croissance, facteurs goitrogènes alimentaires, polluants, mais également des facteurs intrinsèques, génétiques et mutations somatiques sont impliqués dans ce processus complexe.

2-1-Facteurs de croissance
2-1-1-L'hormone thyréotrope

L'hormone thyréotrope est le premier facteur impliqué dans la croissance de la glande thyroïde. Son rôle dans la survenue de la goitrogenèse est illustré par les nombreuses situations cliniques d'élévation de la TSH sans atteinte primitive de la thyroïde, parmi lesquelles on peut citer le syndrome de résistance généralisée aux hormones thyroïdiennes, l'hypothyroïdie périphérique iatrogène et l'adénome thyréotrope. Des anciens travaux expérimentaux ont montré que l'exposition chronique à des concentrations élevées de TSH (induites par exemple par l'administration d'un antithyroïdien) conduit, chez le rat, à l'apparition d'un goitre (STUBNER et al., 1987).

En outre, des modèles animaux ont apporté la preuve que la stimulation constitutive de la voie de signalisation de la TSH est impliquée dans la goitrogenèse. Les souris transgéniques qui expriment de façon thyroïde-spécifique le récepteur A2 de l'adénosine ou la sous-unité A1 de la toxine du choléra présentent une activation constitutive de la voie de l'acide adénosine monophosphate cyclique (AMPc) et développent un goitre et une hyperthyroïdie (LEDENT et al., 1992 ; ZEIGER et al., 1997). Celles exprimant une forme mutée du récepteur α1-adrénergique, responsable

de la stimulation constitutive des voies de l'AMPc et de la phospholipase C, développent un goitre nodulaire et une hyperthyroïdie (DUPREZ et al., 1994 ; LEDENT et al., 1997 ; SUAREZ, 1998 ; KROHN et PASCHKE, 2001).

Enfin, il faut signaler que dans la grande majorité des goitres simples, le taux de TSH est normal, voire même au-dessous de la valeur normale. L'effet de nombreux autres facteurs de croissance, agissant *in vivo* de manière endocrine, autocrine ou paracrine, a été étudié *in vitro* et sur des modèles animaux.

2-1-2- Autres facteurs de croissance

a- *Insulin-like growth factor* 1

L'*insulin-like growth factor* 1 (IGF-l) est un peptide *growth hormone* (GH) dépendant, synthétisé par les fibroblastes, les cellules endothéliales et les cellules thyroïdiennes. Ces dernières, expriment en outre, le récepteur de l'IGF1 (THOMAS et al., 1994 ; TODE et al., 1989). *In vitro*, l'IGF1 stimule la prolifération et la différenciation des thyrocytes en synergie avec la TSH (EGGO et al., 1990). La biodisponibilité de l'IGF1 dépend de son niveau d'expression mais aussi des *IGF-binding proteins* (IGF-BP), qui sont sécrétées par les cellules thyroïdiennes en culture (TODE et al., 1989). La TSH exerce un effet inhibiteur sur la synthèse de ces IGF-BP, ce qui pourrait contribuer à l'effet de stimulation de la prolifération des thyrocytes (WANG et al., 1991).

La biodisponibilité de l'IGF1 autour des thyréocytes pourrait en outre être régulée par l'iode ou ses dérivés : il a en effet été démontré dans des cellules thyroïdiennes de porc, que l'iodure intracellulaire inhibait la transcription du gène de l'IGF1 (BEERE et al., 1995). Le rôle de l'IGF1 dans le processus de goitrogenèse est illustré par la forte prévalence du goitre chez les patients acromégales. D'après WUSTER et al. (1991), elle atteindrait 70%, et dans l'étude de MIYAKAWA et al. (1988), 64,7% des patients acromégales présentent un goitre multinodulaire dépisté par échographie. Plus récemment, une association entre une concentration plasmatique d'IGF1 dans les valeurs hautes de la zone de normalité et la présence d'un goitre en échographie a été démontrée (VOLZKE et al., 2007).

b-*Fibroblast growth factors*

Les cellules thyroïdiennes synthétisent les *Fibroblast growth factors* (FGF)1 et 2, impliqués dans la régulation de la prolifération de nombreux types cellulaires et dans l'angiogenèse. Elles synthétisent également le récepteur de type 1 des FGF. Selon THOMPSON et al. (1998) le niveau d'expression des FGF est accru dans le goitre multinodulaire. L'effet mitogène du FGF a été démontré sur des cellules thyroïdiennes en culture par COCKS et al. en 2003. L'effet du FGF sur la prolifération des cellules thyroïdiennes a aussi été analysé *in vivo*. L'administration intraveineuse de FGF conduit chez le rat à l'apparition rapide d'un goitre : après 6 jours de traitement, le poids de la thyroïde augmente de 43% (VITO et al., 1992). Chez l'animal soumis à un régime goitrogène, associant antithyroïdien et alimentation pauvre en iode, on assiste à une augmentation précoce de l'expression du FGF2, qui est maximale à la fin de la première semaine de traitement, puis diminue progressivement en se maintenant à un niveau supérieur à celui chez les animaux contrôles. L'expression du récepteur de type 1 des FGF est également augmentée, mais de manière plus tardive (BECKS et al., 1994). Il semble que l'effet des FGF ne s'exerce qu'en présence de TSH. En effet, ce même régime alimentaire reste sans effet sur la production de FGF et de son récepteur chez des rats hypophysectomisés (BIDEY et al., 1999).

c- *Epidermal growth factor*

L'*Epidermal growth factor* (EGF) est synthétisé par les cellules thyroïdiennes, et stimule la prolifération des thyréocytes en culture (OLLIS et al., 1986). La synthèse du récepteur de l'EGF par les thyréocytes est augmentée en présence de TSH (WESTERMARK et al., 1985). Dans les goitres secondaires à des troubles de l'hormonogenèse, le niveau de transcription des gènes codant l'EGF et son récepteur est augmenté par rapport à du tissu thyroïdien normal (PEDRINOLA et al., 2001). Enfin, la concentration plasmatique d'EGF chez des femmes présentant un goitre nodulaire est significativement supérieure à celle des contrôles ; elle diminue après thyroïdectomie, suggérant une origine thyroïdienne de l'EGF circulant (BRAUER et al., 2006).

d-*Transforming growth factor β*

Le *Transforming growth factor β* (TGFβ) est un puissant inhibiteur de la prolifération et de l'expression des fonctions des cellules thyroïdiennes, régulant négativement la synthèse du transporteur d'iodure, de la thyroglobuline, et de la thyroperoxydase (GRUBECK-LOEBENSTEIN et al., 1989). Son expression est stimulée par la TSH et l'iodure. Outre son effet inhibiteur sur la prolifération cellulaire induite par la TSH (TATON et al., 1993), l'IGF1 et le FGF, le TGFβ augmente la synthèse d'IGF-BP3, contribuant ainsi à réduire la biodisponibilité de l'IGF1.

Au cours de la goitrogenèse expérimentale chez le rat, on assiste à une augmentation de la production thyroïdienne de TGFβ pendant les 2 premières semaines de traitement, et celle-ci reste élevée tant que le traitement goitrogène est poursuivi. Ce phénomène pourrait contribuer à limiter l'augmentation de la taille du goitre, et rendre compte de la phase de « plateau » qui succède à la phase de croissance des cellules thyroïdiennes (LOGAN et al., 1994). Toutefois, l'implication du TGFβ dans la goitrogenèse chez l'homme reste controversée, certains auteurs rapportant une diminution de l'expression du TGFβ dans le tissu hyperplasique comparativement au tissu sain, d'autres montrant une expression de TFGβ accrue dans les goitres récidivant après chirurgie (BIDEY et al., 1999). Indépendamment du niveau d'expression du TGFβ, les cellules thyroïdiennes de goitres nodulaires présentent souvent une résistance aux effets antiprolifératifs du TGFβ (ASMIS et al., 1996). Les mécanismes de cette résistance ont été plus particulièrement étudiés dans des modèles de tumeurs épithéliales et peuvent résulter de mutations inactivatrices du récepteur de type II ou d'anomalies de la voie de signalisation des TGFβ (BALDWIN et al., 1996 ; KIM et KIM, 1996).

À côté des effets inhibiteurs qu'il exerce sur les cellules épithéliales, le TGFβ stimule la prolifération des fibroblastes et l'accumulation de matrice extracellulaire, et il pourrait être impliqué dans les phénomènes de fibrose fréquemment rencontrés au sein des goitres multinodulaires (BIDEY et al., 1999 ; GUITARD-MORET et BOURNAUD, 2009).

2-2-Facteurs génétiques

Chez l'homme, plusieurs observations cliniques conduisent à suspecter une prédisposition génétique au processus de goitrogenèse. Il s'agit par exemple de l'agrégation familiale des goitres, de la prédominance féminine (ratio de 7/1 à 9/1 dans les zones sans endémie goitreuse), et de la persistance de goitres dans les zones où des programmes de prophylaxie iodée ont été instaurés (MALAMOS et al., 1967 ; SCHLUMBERGER et al., 2003).

Cette susceptibilité génétique à la goitrogenèse a pu être étudiée grâce aux techniques de biologie moléculaire, notamment par l'approche du gène candidat. Cette méthode consiste à détecter dans une population porteuse de goitre, des mutations ou des polymorphismes de gènes codant pour des protéines impliquées dans la physiologie de la thyroïde et dans la synthèse des hormones thyroïdiennes (GUITARD-MORET et BOURNAUD, 2009).

2-2-1-Gène de la thyroglobuline

Des mutations du gène de la thyroglobuline sont impliquées dans les troubles de l'hormonogenèse, qui s'accompagnent de goitre congénital (MEDEIROS et al., 1989). Bien qu'initialement considéré comme l'un des principaux gènes candidats du goitre simple euthyroïdien, seuls quelques cas ont été rapportés dans la littérature (BOTTCHER et al., 2005).

2-2-2-Gène de la thyroperoxydase

La plupart des mutations homozygotes ou hétérozygotes composites du gène de la TPO ont été identifiées chez des patients porteurs d'un goitre congénital avec hypothyroïdie (BOTTCHER et al., 2005). Seuls deux exemples anciens de mutation du gène de la TPO associée à des goitres euthyroïdiens ont été rapportés : l'une avec une absence à la fois de la peroxydation et de l'organification de l'iode (HAGEN et al., 1971) et l'autre avec une peroxydation normale de l'iode mais un défaut d'organification de l'iode (POMMIER et al., 1974).

2-2-3- Gène du transporteur de l'iode sodium dépendant

Le transport actif de l'iode dans la thyroïde est médié par le transporteur de l'iode sodium-dépendant situé sur la membrane basolatérale des thyréocytes.

Plusieurs mutations du gène ont été décrites, associées à des tableaux cliniques variés (MATSUDA et KOSUGI, 1997 ; FUJIWARA et al., 1998 ; KOSUGI et al., 1999).

2-2-4- Gène du récepteur de la TSH

Du fait de son rôle majeur dans la fonction et la croissance thyroïdiennes, le gène du récepteur de la TSH est un candidat. Cependant, aucune mutation n'a clairement été identifiée dans le cadre des goitres euthyroïdiens (GUITARD-MORET et BOURNAUD, 2009).

L'ensemble de ces études suggère que la probabilité que des anomalies monogéniques soient responsables des goitres euthyroïdiens, est faible. Ainsi, la prédisposition génétique à la goitrogenèse est hétérogène, probablement variable d'une famille à l'autre. Par ailleurs, dans la majorité des cas, cet aspect génétique complexe interagit avec de nombreux facteurs environnementaux de susceptibilité.

2-3- Facteurs environnementaux
2-3-1- Iode

Longtemps considérée comme la principale cause de goitre, la carence iodée ne peut être tenue pour responsable de tout processus de goitrogenèse, comme en atteste la prévalence non nulle du goitre dans les zones exemptes de carence iodée, et à l'inverse l'absence de goitre chez certains sujets exposés à une carence iodée. Néanmoins, il existe une relation inverse entre le volume thyroïdien et l'excrétion urinaire d'iode (HEGEDUS et al., 2003). Cette situation s'accompagne d'une stimulation chronique par la TSH, reflet de l'adaptation de l'axe thyréotrope à la moindre capacité de synthèse hormonale des thyréocytes, avec pour conséquence la prolifération accrue des cellules thyroïdiennes. En outre, en cas de carence iodée, les cellules thyroïdiennes deviennent plus sensibles à l'effet mitogène de la TSH, comme l'a démontré BRAY en 1968 : l'administration d'hormone thyréotrope chez des rats hypophysectomisés s'accompagne d'une augmentation du volume thyroïdien, nettement plus importante lorsque les animaux ont préalablement été soumis à une carence iodée profonde. Les mécanismes d'action de l'iode font intervenir la voie de l'AMPc, mais aussi une voie indépendante de l'AMPc, comme l'ont montré TRAMONTANO et al. en 1989. En présence d'iodure, la réponse proliférative des cellules thyroïdiennes à la TSH est diminuée, sans que le contenu intracellulaire en AMPc soit modifié. L'iode exerce ses effets directs par l'intermédiaire des iodolactones.

Le fluor peut intervenir dans la pathogénie du goitre par le fait qu'il inhibe la captation de l'iode (DURON et DUBOSCLARD, 2000).

2-3-2- Thiocyanates

Les thiocyanates sont présents de façon ubiquitaire dans l'organisme. Ils proviennent de l'alimentation (choux, millet) et sont aussi générés dans l'organisme ; en effet, leur concentration augmente au cours des processus inflammatoires et ils sont également le produit de la détoxification des cyanides.

Les thiocyanates ont une action directe sur le tissu thyroïdien, qui est dose dépendante. À faibles doses, ces produits stimulent les fonctions thyroïdiennes ; à fortes doses, ils agissent comme un compétiteur du transport de l'iodure dans les thyréocytes (BRAUER et al., 2006), et ils diminueraient l'organification de l'iode (KNUDSEN et al., 2002). BRAUER et al. (2006) ont montré dans leur étude que l'excrétion urinaire de thiocyanates est corrélée à la prévalence des goitres et que le ratio « excrétion urinaire d'iode/excrétion urinaire de thiocyanates » est un bon marqueur pour dépister les sujets susceptibles de développer un goitre.

2-3-3- Sélénium

Le sélénium est un micronutriment essentiel, impliqué dans le processus enzymatique de toutes les sélénoenzymes, en particulier les désiodases qui permettent la conversion de la T4 en T3. C'est d'ailleurs dans la thyroïde que la concentration de sélénium est la plus importante. La carence en sélénium pourrait, sur le plan mécanistique, favoriser la survenue d'un goitre par la diminution du taux d'hormones thyroïdiennes actives. Les études publiées rapportent des résultats discordants, principalement des apports iodés très variables dans les différentes populations étudiées. Dans ce même contexte, BAUER et al. (2006) ont rapporté que l'excrétion urinaire de sélénium dans une population non carencée en iode, n'était pas un facteur de risque indépendant de développer un goitre.

L'ensemble de ces données montre la complexité du processus de la goitrogenèse, qui dépend de l'intrication complexe de nombreuses composantes à la fois génétiques et environnementales. Il s'agit d'une affection généralement bénigne mais pouvant, après des années d'évolution, donner lieu à des complications, notamment la nodularité et la tendance à la thyrotoxicose dangereuse. Le risque de cancer ne doit pas être sous-estimé.

D'autres facteurs entravant le fonctionnement normal de la glande thyroïde et conduisant au goitre comme les crucifères du genre *Brasscae* inhibent la thyroperoxydase. De même, la malnutrition entraîne une carence en vitamine A, qui altère la structure de la thyroglobuline (DURON et DUBOSCLARD, 2000 ; MICKAEL et al., 2008).

D'autres carences peuvent accentuer le phénomène comme celle en zinc et en fer, avec des effets encore à préciser (DURON et DUBOSCLARD, 2000).

OBJECTIFS : ETUDE EXPERIMENTALE

Le dromadaire reste une espèce peu explorée scientifiquement, de nombreux travaux de recherches doivent être réalisés pour mieux connaître cet animal qui a une anatomie et une physiologie particulières. A cet effet, la glande thyroïde du dromadaire montre de nombreuses particularités anatomiques et histologiques. Certaines d'entre elles sont connues, d'autres sont sujettes à controverse selon les auteurs.

Malgré sa petite taille, la glande thyroïde assure plusieurs fonctions qui varient selon l'Age de l'animal, puisqu'elle intervient dans la croissance et dans plusieurs métabolismes (métabolisme de base et métabolisme osseux) aussi bien chez les jeunes que chez les animaux âgés et subit de nombreuses variations morphologiques non encore bien explorées.

Pour toutes ces raisons nous avons jugé utile de faire une étude anatomique, morphométrique et hormonale de la glande thyroïde chez cette espèce.

Notre étude expérimentale sera présentée en trois chapitres :

➢ Le *premier chapitre* abordera l'étude anatomique et histologique de la glande thyroïde du dromadaire (*Camelus dromedarius*), qui a pour objectif de réaliser une étude détaillée des particularités anatomiques et une étude qualitative sur l'importance du parenchyme glandulaire, son organisation et sa structure histologique.

➢ Le *deuxième chapitre* sera consacré à l'étude morphométrique et des hormones thyroïdiennes qui a un double objectif :

- d'une part une étude quantitative basée sur la morphométrie pour un suivi des variations de son fonctionnement en fonction de différentes situations physiologiques,

- et d'autre part une étude physiologique basée sur le dosage des hormones thyroïdiennes à différents stades physiologiques.

➢ Le *troisième* et dernier *chapitre* vise à étudier les aspects anatomopathologiques et hormonaux du goitre chez le dromadaire (*Camelus dromedarius*) dans le sud Tunisien qui a comme objectif de réaliser une étude détaillée des modifications macroscopiques, histologiques et hormonales associées à cette pathologie chez cette espèce.

I- MATERIEL ET METHODES

1- Etude anatomique et histologique

1-1- Matériel utilisé

Cette étude est réalisée sur **606** glandes thyroïdes prélevées sur des dromadaires abattus dans la région de Tozeur (Sud tunisien). Les animaux sont de deux sexes (**438 mâles et 168 femelles**) et sont âgés de 1 an à 18 ans. L'Age de l'animal est estimé grâce à la formule dentaire (FAYE, 1997).

Nous avons classé les animaux en trois tranches d'Age et quatre classes de poids en adoptant la classification de AL-QARAWI et al. (2000) :

Classes d'Age

- Classe d'Age 1 : animaux âgés de moins de 3 ans (jeunes animaux)

- Classe d'Age 2 : animaux âgés de 3 à 5 ans (animaux en période de la puberté)

- Classe d'Age 3 : animaux âgés de plus de 5 ans (animaux adultes et âgés)

Classes de poids

La subdivision de nos échantillons en 4 classes de poids a été effectuée selon les formules classiques suivantes (sachant que la moyenne générale du poids de nos échantillons est de 140 kg, l'écart type est de 26) :

- Classe de poids 1 : animaux dont le poids est inférieur à la (moyenne générale - écart type/2), ce qui correspond à 127 Kg.

- Classe de poids 2 : animaux dont le poids est compris entre (moyenne générale – écart type/2) et la moyenne générale, ce qui correspond aux animaux dont le poids est compris entre 127 et 140 Kg.

- Classe de poids 3 : animaux dont le poids est supérieur à la moyenne générale (140 kg) et inférieur à la (moyenne générale + écart type/2), c'est-à-dire 153 Kg.

- Classe de poids 4 : animaux dont le poids est supérieur à la (moyenne générale + écart type/2), c'est-à-dire supérieur à 153 Kg.

Enfin, pour étudier l'anatomie topographique, les animaux sont classés en deux tranches d'Age ; la première tranche comporte les jeunes animaux d'Age inférieur à trois ans et la deuxième tranche comporte les animaux d'Age ≥ 3 ans.

1-2- Méthodes de travail

1-2-1- Etude des caractères généraux

Afin d'étudier les caractères généraux de la glande thyroïde du dromadaire nous avons procédé à l'ablation de l'organe à l'abattoir. La glande est délicatement prélevée après le dépouillement de la carcasse, avec l'isthme et éventuellement les lobes accessoires quand ils existent. Débarrassés de la graisse et du tissu conjonctif voisin, les organes sont ensuite pesés, examinés et appréciés tant dans leur couleur que dans leur forme et leur consistance.

a- Couleur

La glande thyroïde présente presque la même couleur que les structures avoisinantes ; elle est difficilement repérable et la présence d'un isthme thyroïdien sur la trachée nous a été d'un grand secours pour la reconnaissance de la glande. L'appréciation de la couleur est effectuée après avoir déterminé la forme de la thyroïde.

b- Forme

La forme des lobes thyroïdiens, droit et gauche, est examinée après avoir enlevé la graisse et nettoyé les tissus conjonctifs voisins, elle est rapprochée autant que possible avec les formes géométriques connues.

c- Poids

Après ablation totale de la graisse périthyroïdienne, les glandes principales et accessoires sont ensuite, pesées à l'aide d'une balance électrique (précision 1/100g).

1-2-2- Topographie et rapport

La topographie et les rapports des glandes thyroïdes sont observés en place sur des pièces préalablement disséquées et à l'abattoir. La position exacte des lobes thyroïdiens par rapport aux cartilages du larynx et aux anneaux trachéaux est déterminée. En même temps, la position de l'isthme et des lobes thyroïdiens accessoires est relevée.

Sur les organes isolés, préalablement nettoyés, nous avons pris des photos des faces, latérale et médiale, des glandes thyroïdes pour illustrer les observations.

1-2-3- Vascularisation et innervation

Chez douze sujets (animaux n° : 3, 4, 9, 14, 24, 26, 27, 28, 34, 38, 39 et 41), nous avons prélevé la tête et l'encolure après section transversale du cou au niveau de la $5^{\text{éme}}$ vertèbre cervicale (deux mâles et deux femelles pour chaque tranche d'Age) pour étudier la vascularisation et l'innervation. Après le dépouillement, les muscles cervicaux sont retirés plan par plan afin de mettre en évidence la glande thyroïde. Nous avons en même temps disséqué et suivi les branches vasculaires et nerveuses destinées à la glande. Pour faciliter la dissection des artères en leur donnant leur volume, leur relief et une coloration tranchée par rapport aux tissus voisins, nous avons injecté dans chaque artère carotide commune du latex coloré, qui présente la propriété d'être fluide à température ambiante (autour de 20°), et de se polymériser jusqu'à devenir solide en quelques heures dès que la température descend au-dessous de 10°C environ.

Les vaisseaux lymphatiques sont visualisés sur des coupes histologiques après une coloration à l'hémalun éosine (HE).

1-2-4- Structure
a- Prélèvement

Trente glandes thyroïdes de dromadaires (quinze animaux mâles et quinze femelles) ont été utilisées pour cette étude histologique. Pour chaque sexe, trois lots sont définis en fonction de l'Age (**Tableau I**).

Tableau I : Répartition des animaux en fonction du sexe et de l'Age pour l'étude histologique

Age	Mâles	Femelles
Animaux âgés de moins de 3 ans	5	5
Animaux âgés de 3 à 5 ans	5	5
Animaux âgés de plus de 5 ans	5	5
Total	15	15

Une coupe sagittale, selon DENEF et al. (1979), est considérée comme représentative de la thyroïde. Pour cette raison, sur chaque glande tyroïde étudiée, nous avons effectué une coupe sagittale de 0,5 cm d'épaisseur.

b- Techniques histologiques
b_1- Préparation des coupes
- Fixation

Le fixateur utilisé est le formol. La solution commerciale contenant 40% de formaldéhyde est appelée formol ; on la considère comme du formol à 100% dans la préparation des recettes. On l'utilise en solution aqueuse à 10% (4% de formaldéhyde).

- Inclusion

Cette opération est réalisée à l'aide d'un automate à inclusion selon le procédé habituel qui consiste à faire passer des prélèvements dans des bains successifs d'alcool, de toluène et de paraffine.

- Coupe

La coupe est effectuée selon les procédés habituels à l'aide d'un microtome avec une épaisseur de 3 μm.

b_2- Coloration tinctoriale à l'hémalun éosine (HE)

C'est une coloration tinctoriale qui permet d'étudier la topographie générale des tissus, la cytologie et les lésions. L'hématoxyline est le colorant le plus utilisé en technique histologique.

Le protocole de cette coloration est le suivant :

1/ Toluène pendant 10 minutes : **Déparaffinage**

2/ Alcool absolu pendant 5 minutes ⎫
                                   ⎬ **Réhydratation**

3/ Alcool dilué pendant 5 minutes ⎭

4/ Hémalun pendant 10 minutes ⎫

5/ Eau pendant 10 minutes   ⎬ **Coloration**

6/ Eosine pendant 5 minutes ⎭

7/ Eau – trempage

8/ Alcool dilué pendant 5 minutes ⎫
                                   ⎬ **Déshydratation**

9/ Alcool absolu pendant 5 minutes ⎭

10/ Toluène pendant 10 minutes

11/ Montage à l'Eukitt entre lame et lamelle.

Cette coloration permet une bonne étude topographique des tissus, elle colore le noyau en bleu et les structures cytoplasmiques et intercellulaires en rose.

2- Etude morphométrique et dosage des hormones thyroïdiennes

2-1- Animaux

Cette étude a été réalisée sur des glandes thyroïdes prélevées sur 120 dromadaires mâles et femelles (sexe ratio = 1) abattus dans l'abattoir de Tozeur (sud tunisien). Les animaux étaient jugés en bon état sanitaire au moment du prélèvement sanguin après inspection vétérinaire.

Les prises de sang, réalisées par ponction de la jugulaire, ont été effectuées le matin avant l'abattage dans des tubes sous vide (type " Vacutainer "). Les prélèvements (10 ml) ont été immédiatement placés dans de la glace. Après centrifugation à 4 °C, les sérums ont été recueillis, divisés en aliquotes et congelés à -20 °C jusqu'aux dosages ultérieurs.

Pour chaque sexe, trois groupes ont été définis en fonction de l'Age et de la saison. Trois classes d'Ages ont été étudiées en adoptant la classification de Al-QARAWI et al. (2000) : la 1ère classe comporte les jeunes animaux inférieur à trois ans, la 2ème classe sont des animaux en période de la puberté (entre 3 et 5 ans d'Age) et la 3ème classe sont des animaux de 15 ans ou plus (**Tableau II**).

Les animaux de plus de 5 ans et de moins de 15 ans n'ont pas été retenus pour l'étude, car le nombre d'animaux pour chaque sexe et chaque saison est inférieur à 10. Ceci est lié surtout à l'interdiction, en Tunisie, de l'abattage des femelles en période de reproduction.

Tableau II : Répartition des animaux en fonction du sexe, de l'Age et de la saison

Saison	Age	Mâles	Femelles
	< 3 ans	10	10
Hiver	Entre 3 et 5ans	10	10
	≥15 ans	10	10
	< 3ans	10	10
Eté	Entre 3 et 5ans	10	10
	≥15 ans	10	10
Total		60	60

2-2- Méthodes d'étude
2-2-1- Etude morphométrique

La fixation des glandes thyroïdes est effectuée dans le formol à 10% et l'inclusion en paraffine. Les coupes réalisées sont sagittales, leur épaisseur est de 3 µm. Une coupe sagittale est considérée comme représentative de la thyroïde (DENEF et al., 1979).

L'analyse descriptive qualitative est effectuée après coloration par l'hémalun éosine. L'examen morphométrique est réalisé après une réaction histochimique d'imprégnation argentique selon la méthode de Gordon et Sweets (GANTER et

JOLLES, 1969). Cette coloration permet de mettre en évidence, colorées en noir, les membranes basales périfolliculaires et les fibres de réticuline.

Une coupe sagittale par animal est étudiée par un logiciel d'analyse d'image semi-automatique « LEICA Qwin Microsystems Imaging Solutions Ltd » qui consiste en une séquence d'opérations qui réduit le contenu total des informations d'une image à quelques mesures pertinentes. Vu la longueur de la glande thyroïde de dromadaire, chaque coupe sagittale est divisée en 3 portions équivalentes. Les follicules mesurés sont les follicules lisibles mesurés sur des champs successifs le long du grand axe de la thyroïde. Les follicules périphériques ne sont pas pris en considération sur une bande de 1000 μm environ car ils sont en général gros et ceci entraîne des écarts-types élevés. Le comptage d'un nombre moyen de 300 follicules (100 follicules par lame) permet un examen complet d'une coupe sagittale de la glande thyroïde du dromadaire.

Toutes les mesures sont faites selon un même étalonnage établi au début du travail avec un microscope optique à l'objectif 25. Les paramètres retenus pour chaque coupe sont :
- la surface folliculaire : A_1, A_2,…,A_{300},
- la surface colloïde : B_1, B_2,…,B_{300},
- la surface épithéliale : $(A_1 - B_1)$, $(A_2 - B_2)$,…,$(A_{300} - B_{300})$.

La surface épithéliale et la surface colloïde permettent d'estimer l'index d'activation qui est d'après KALISNIK (1972) le ratio du pourcentage volumétrique moyen de cellules épithéliales sur le pourcentage volumétrique moyen de la substance colloïde.

La hauteur de l'épithélium folliculaire a été estimée en mesurant à l'objectif 25, la hauteur de 100 cellules par lame (2 cellules par follicule) c'est à dire 300 cellules par coupe sagittale.

2-2-2- Dosages d'hormones

La thyroxine libre (FT4), la triiodothyronine libre (FT3) et la thyréotropine, ou *Thyroid Stimulating Hormone* (TSH) ont été dosées par radio-immunologie en utilisant les trousses Immunotech® suivantes :

- Trousse radio-immunologique pour le dosage *in vitro* de la thyroxine libre dans le sérum et le plasma ; Réf : IM1363 – IM3321,

- Trousse radio-immunologique pour le dosage *in vitro* de la triiodothyronine libre dans le sérum et le plasma ; Réf : IM1579 – IM3320,

- Trousse radio-immunologique pour le dosage *in vitro* de la thyréotropine; dans le sérum et le plasma humains ; Réf : IM 3712 – IM 3713.

Les dosages ont été réalisés conformément aux instructions fournies par le fabriquant. Les limites de détection sont 0,5 pM, 0,5 pM et 0,025 mIU/l respectivement pour FT4, FT3 et TSH. Pour chaque hormone, les échantillons ont été inclus dans un seul dosage et les coefficients de variation intra-essai étaient de 6,1%, 0,6%, et 17% respectivement pour la FT4, FT3 et TSH.

3- Etude de cas pathologiques (goitre)
3-1- Matériel utilisé

Notre étude est réalisée sur des animaux abattus à l'abattoir municipal de Tozeur ayant présenté une infertilité, une anémie discrète et une hypertrophie de la glande thyroïde à l'examen *post mortem* (25 dromadaires âgés de 6 à 16 ans : 21 femelles réformées pour motif d'infertilité et 4 mâles) et 75 dromadaires normaux vivant dans les mêmes conditions et qui ont servi pour faire une étude comparative des critères morphométriques et le dosage d'hormone sur 42 femelles et 33 mâles âgés de 6 ans à 16 ans (**Tableau III**).

Tableau III : Répartition des animaux goitreux en fonction du sexe, de l'Age du poids des lobes thyroïdiens, droit et gauche, et du poids total de la glande thyroïde

N°	Age (ans)	Sexe	Poids du lobe droit (g)	Poids du lobe gauche (g)	Poids de l'isthme	Poids total (g)
1	7	Femelle	30	32	3,5	65,5
2	6	Mâle	39	34	4,22	75,22
3	10	Mâle	28	30	2,9	60,9
4	14	Mâle	36	35	4	77
5	9	Mâle	37	34	4,33	75,33
6	10	Femelle	40	36	2,8	78,8
7	14	Femelle	36	38	5	79
8	11	Femelle	39	40	4,33	83,33
9	8	Femelle	44	42	4,08	90,08
10	15	Femelle	37	40	3,55	80,55
11	11	Femelle	43	46	4,21	93,21
12	8	Femelle	44,2	48	2,99	95,19
13	10	Femelle	36	33	3,56	72,56
14	12	Femelle	45	52	2,88	99,88
15	6	Femelle	36,5	43	4,12	83,62
16	7	Femelle	34	38	5,01	77,01
17	16	Femelle	44	47	2,88	93,88
18	8	Femelle	32	36	3,14	71,14
19	7	Femelle	38	36,4	4,22	78,62
20	7	Femelle	36	41	4,05	81,05
21	9	Femelle	41	46	3,45	90,45
22	10	Femelle	36,3	41	3,09	80,39
23	7	Femelle	44	40	4,04	88,04
24	12	Femelle	39	37	4	80
25	8	Femelle	42	38	3,66	83,66

Les prises de sang, réalisées par ponction de la veine jugulaire, ont été effectuées le matin avant l'abattage dans des tubes sous vide (type " Vacutainer "). Les prélèvements (10 ml) ont été immédiatement placés dans la glace. Après centrifugation à 4°C, les sérums ont été recueillis, divisés en aliquotes et congelés à -20°C jusqu'aux dosages ultérieurs.

3-2- Méthodes de travail

Après ablation totale de la graisse périthyroïdienne, nous avons examiné la forme générale des lobes droit et gauche puis apprécié la consistance et la couleur de la glande. Ces glandes thyroïdes sont ensuite pesées à l'aide d'une balance électrique (précision 1/100 g). Enfin, les thyroïdes sont immédiatement fixées dans du formol tamponné à 10% puis colorées par deux colorations.

3-2-1- Hémalun Eosine

Cette coloration permet l'étude topographique des follicules thyroïdiens et de l'interstitium.

Compte tenu de l'augmentation du poids des thyroïdes lors du goitre, nous nous sommes attaché à rechercher une éventuelle modification histologique des thyroïdes (modification touchant les cellules, la substance colloïde, l'interstitium). Ainsi, dans un premier temps, une analyse descriptive qualitative systématique est effectuée et dans un second temps une appréciation quantitative des éventuelles modifications du pourcentage d'interstitium.

- Pour l'analyse descriptive qualitative, nous avons retenu les critères suivants :
* aspect général de la coupe : homogène ou hétérogène,
* aspect des follicules : forme, taille,
* aspect de l'épithélium folliculaire : haut, bas, hyperplasie (présence de projections cellulaires papillaires dans la substance colloïde, révélatrices d'une multiplication cellulaire),
* vascularisation.

- **Pour l'estimation du pourcentage d'interstitium**, nous avons travaillé avec un objectif 25, par un logiciel d'analyse d'image semi-automatique « LEICA Qwin Microsystems Imaging Solutions Ltd ». Le pourcentage d'interstitium est estimé par soustraction de la surface de dix champs de la surface folliculaire incluse dans chacun des champs, le tout étant rapporté à un pourcentage (**Figure 11**).

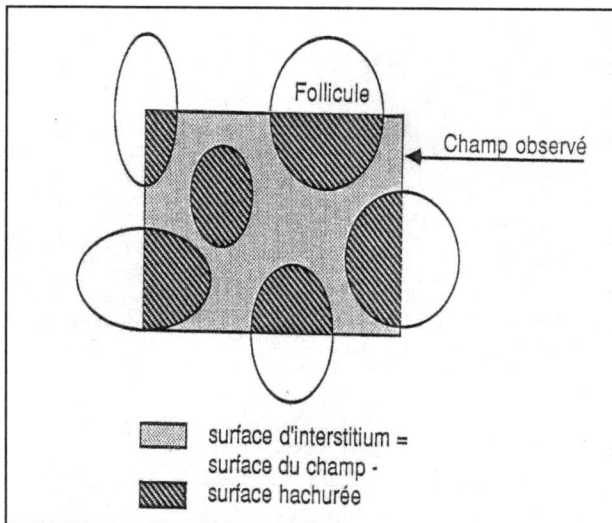

Figure 11 : Estimation du pourcentage d'interstitium

Cette estimation du pourcentage d'interstitium est délicate pour différentes raisons, en particulier de :

- la difficulté à trouver des champs où tous les follicules sont lisibles et bien délimités,

- la difficulté à suivre le contour de l'écran de façon précise et toujours identique,

- les limites pas toujours évidentes des follicules.

3-2-2- Méthode immunohistochimique : méthode à la streptavidine biotine à anticorps secondaire biotinylé

a- Principe

La technique est basée sur un affinement de la streptavidine-biotine dans lequel un anticorps secondaire biotinylé réagit avec plusieurs molécules de streptavidine conjuguée à la peroxydase **(Figure 12)**.

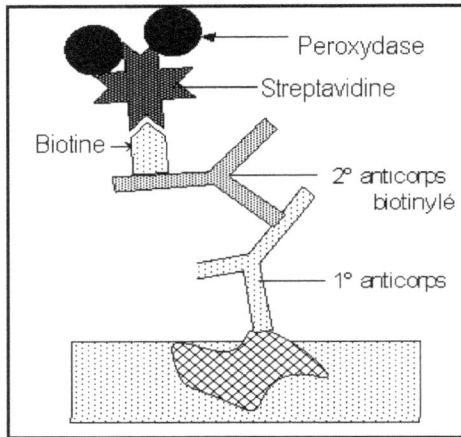

Figure 12 : Marquage à la stréptavidine biotine à anticorps secondaire biotinylé

b- Réactifs contenus dans le kit utilisé : Kit DAKO (LSAB^R 2/ Peroxydase K677)

- Eau oxygénée (peroxyde d'hydrogène) : H_2O_2 3% en solution aqueuse,

- Anticorps secondaire : Immungloduline biotinylée anti-souris et anti-lapin dans du PBS, contenant une protéine « carrier »,

- Streptavidine-péroxydase : Péroxydase du Raifort (HRP) conjuguée à la streptavidine dans du PBS, contenant une protéine « carrier et du thimérosal 0.01% (agent de conservation),

- Substrat chromogène: Diaminobenzidine (DAB)

- Anticorps primaires utilisés est un anticorps anti- thyroglobuline (Dako)

3-2- 3- Dosages d'hormones

La thyroxine libre (FT4), la triiodothyronine libre (FT3) et la thyréotropine, ou *Thyroid Stimulating Hormone* (TSH) ont été dosées par radio-immunologie en utilisant les mêmes trousses (Immunotech®).

4- Etude statistique

L'analyse de l'influence des sources de variation sur les caractéristiques pondérales (poids des lobes thyroïdiens, poids total de la glande, poids de l'isthme et poids relatif) de la thyroïde chez le dromadaire a été effectuée par la procédure GLM (*General Linear Models*) du logiciel SAS (1994). Le modèle de base utilisé considère les sources de variation suivantes : le sexe de l'individu (2 niveaux), la classe de poids (4 niveaux) et la classe d'Age (3 niveaux).

L'analyse de l'influence des sources de variation sur la surface folliculaire, la surface colloïde, l'index d'activation et la hauteur de l'épithélium folliculaire a été effectuée par la procédure GLM (*General Linear Models*) du logiciel SAS. Le modèle de base utilisé considère les sources de variation suivantes : le sexe de l'individu (2 niveaux), la classe d'Age (3 niveaux) et la saison (2 niveaux).

Quand le modèle s'est avéré significatif au seuil de 5%, les moyennes ont été comparées par le test de Duncan.

Les sources de variation des poids des lobes thyroïdiens et du pourcentage d'interstitium lors de goitre sont étudiées selon le modèle suivant ; $Y_{ij} = \mu + E_i + E_{ij}$ (Procédure *General Linear Model* du logiciel SAS, 1994)

Avec :

Y_{ij} = Poids du lobe ou poids total ou% d'interstitium

μ = Moyenne générale

E_i = Effet de l'état de l'animal (goitre ou normal)

E_{ij} = Erreur résiduelle

Les moyennes entre animaux dans des états différents ont été comparées par la procédure LS Means du logiciel SAS (1994).

L'analyse de l'influence des sources de variation sur la FT4, FT3 et la TSH a été effectuée par la procédure GLM (*General Linear Models*) du logiciel SAS. Le modèle de base utilisé considère les sources de variation suivantes : le sexe de l'individu (2 niveaux), la classe d'Age (3 niveaux) et la saison (2 niveaux) pour l'étude morphométrique et l'état de l'animal (2 niveaux) pour le goitre.

II- RESULTATS ET DISCUSSION

1- Résultats de l'étude anatomique et histologique

1-1- Caractères généraux

1-1-1- Couleur

La glande thyroïde du dromadaire est de couleur rouge clair chez les animaux jeunes (< 3 ans) (**Photo 1**), elle devient plus foncée progressivement avec l'Age et prend la couleur rouge brun chez les animaux âgés plus de 5 ans, en passant par le jaune brunâtre chez les animaux âgés de 3 à 5 ans.

1-1-2- Forme

La forme des glandes thyroïde du dromadaire est variable. Elles ont dans la majorité des cas (412 cas soit 68%) une forme allongée en cigare aplati ou ovale et dans 194 cas (32%) une forme triangulaire avec des extrémités antérieures et postérieures arrondies.

Les lobes droit et gauche de la glande sont réunis caudalement par un isthme. L'ensemble réalise alors la forme d'un U (355 cas soit 58,58%) (**Photo 1**), un U renversé (205 cas soit 33,82%) ou un V (18 cas, soit 2,97%) (**Photo 2**), dans deux cas, l'isthme relie les deux lobes accessoires et réalise la forme d'un H (**Photo 3**). Dans 8 cas (1,32 %) la forme des lobes thyroïdiens ne correspond à aucune forme géométrique connue, elle est irrégulière **(Photo 4)**.

Notre étude montre que l'isthme thyroïdien est absent dans 16 cas (13 chez les animaux < 3 ans et 3 ≥ 3 ans), cela est lié à l'absence de l'un de lobes thyroïdiens.

Avec un examen plus rapproché, la glande thyroïde du dromadaire révèle un aspect lobulé assez visible à l'œil nu, des travées conjonctives divisent chaque lobe thyroïdien en plusieurs lobules de tailles variables. La couleur de la capsule est blanche à reflet transparent. Elle est plus épaisse chez les animaux âgés de plus de 3 ans.

Chaque lobe thyroïdien possède une face latérale convexe et une face médiale ou trachéale plus ou moins concave et déprimée par la trachée. Le bord dorsal de la glande est fin et convexe, il est couvert par la portion ventrale de l'œsophage. Les nœuds lymphatiques cervicaux profonds se situent à l'extrémité crâniale de ce bord, à son milieu et parfois à son extrémité caudale. Le bord ventral est penniforme, il est mince chez certains sujets.

Le pôle crânial est arrondi, il est percé par l'entrée de l'artère thyroïdienne crâniale, il est plus épais que le pôle caudal. Ce dernier est effilé et pointu dans la majorité des cas. Il se poursuit par un cordon glandulaire, c'est l'isthme thyroïdien qui relie les deux lobes thyroïdiens droit et gauche. Notre étude montre que l'isthme thyroïdien est constant chez tous les sujets. Cependant, si l'un des lobes thyroïdiens est absent, dans ce cas, l'isthme est absent aussi.

Nous avons noté chez deux animaux la présence d'un lobe accessoire intercalé entre les deux lobes droit et gauche, donnant ainsi à la glande une forme de papillon (**Photos 5 et 6**).

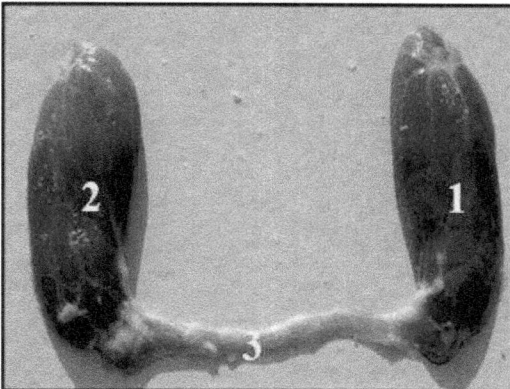

Photo 1 : Glande thyroïde isolée d'un jeune dromadaire ; Forme d'un U (Vue latérale)

1 : Lobe thyroïdien droit - 2 : Lobe thyroïdien gauche - 3 : Isthme thyroïdien

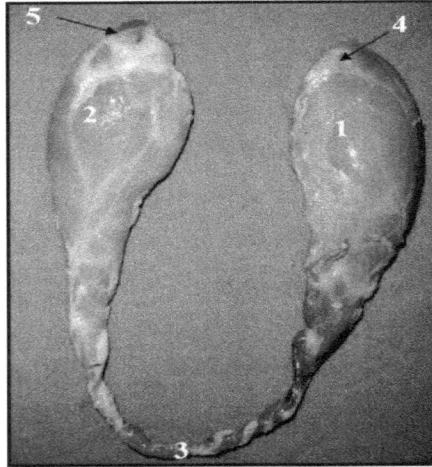

Photo 2 : Glande thyroïde isolée d'un dromadaire adulte ; Forme d'un V (Vue latérale)

1 : Lobe thyroïdien droit - 2 : Lobe thyroïdien gauche - 3 : Isthme thyroïdien - 4 : Glande parathyroïdienne droite - 5 : Glande parathyroïdienne gauche

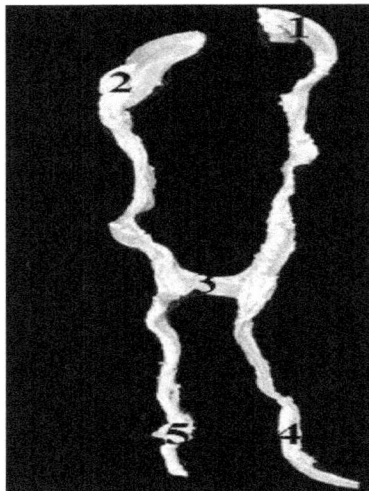

Photo 3 : Glande thyroïde isolée du dromadaire en forme de « H » (Vue dorsale)

1 : Lobe thyroïdien droit - 2 : Lobe thyroïdien gauche – 3 : Isthme thyroïdien – 4 : Lobe accessoire droit - 5 : Lobe accessoire gauche.

[*NB. : la modification de la couleur est liée à la fixation de la glande thyroïde au formol à 10%*]

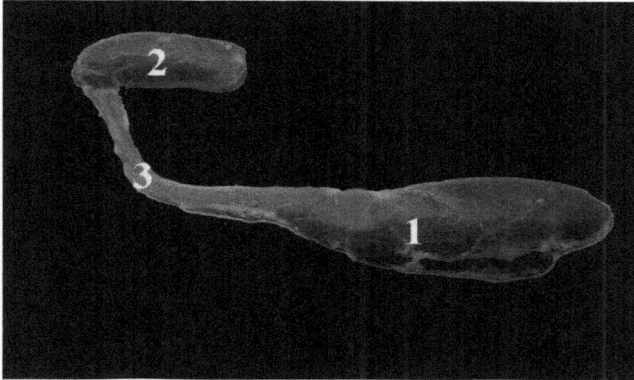

Photo 4 : Glande thyroïde du dromadaire avec une forme irrégulière et un lobe gauche atrophié

1 : Lobe thyroïdien droit - 2 : Lobe thyroïdien gauche - 3 : Isthme thyroïdien

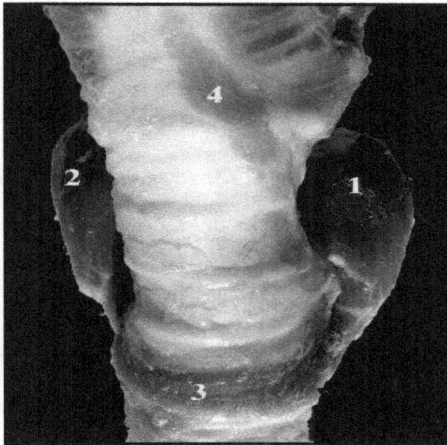

Photo 5 : Glande thyroïde du dromadaire avec un lobe accessoire droit appliqué contre la trachée (vue ventrale)

1 : Lobe thyroïdien droit - 2 : Lobe thyroïdien gauche - 3 : Isthme - 4 : Lobe accessoire

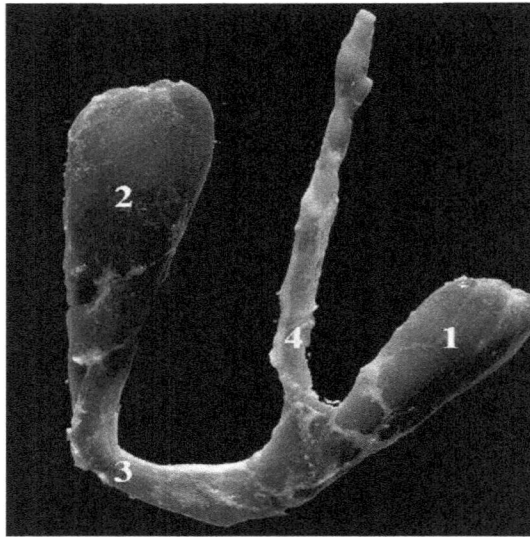

Photo 6 : Glande thyroïde du dromadaire en forme de papillon

1 : Lobe thyroïdien droit – **2** : Lobe thyroïdien gauche – **3** : Isthme thyroïdien – **4** : Lobe accessoire

1-1-3- Poids

Le poids des glandes thyroïdes du dromadaire est variable en fonction du sexe, de l'Age et de la classe de poids. Les sources de variation du poids du lobe droit, du lobe gauche, du poids de l'isthme et du poids total de la glande thyroïde chez le dromadaire sont rapportées dans le **tableau IV**.

L'ensemble des facteurs inclus dans le modèle d'analyse de la variance ont un effet significatif ($p < 0,05$) à l'exception des facteurs sexe et classe de poids qui ne constituent pas une source de variation pour le poids de l'isthme. Les coefficients de détermination varient entre 34 et 62.

Le poids de la glande thyroïde du dromadaire montre une différence statistiquement significative entre les mâles et les femelles. Respectivement, la glande thyroïde pèse $26,32 \pm 0,28$ g pour les mâles, contre $24,92 \pm 0,37$ g pour les femelles. De même pour le poids des lobes thyroïdiens, droit et gauche, la différence est significative, alors que le poids de l'isthme est pratiquement similaire dans les deux sexes ($2,19 \pm 0,04$ contre $2,07 \pm 0,06$) (**Tableau V**).

Tableau IV : Sources de variation du poids du lobe droit, du lobe gauche, poids total de la thyroïde, du poids de l'isthme et du poids relatif de la glande thyroïde chez le dromadaire

Caractère	Nb. Obs.	R^2 (%)	Effets fixes	ddl	Probabilité
PLTD	590	56	SEXE	1	***
			CLPDS	3	***
			CLAG	2	***
PLTG	590	50	SEXE	1	**
			CLPDS	3	***
			CLAG	2	***
PISTH	590	38	SEXE	1	NS
			CLPDS	3	NS
			CLAG	2	***
PTT	590	62	SEXE	1	***
			CLPDS	3	***
			CLAG	2	***

* : probabilité <0,05

** : probabilité <0, 01

*** : probabilité <0,001

Nb. Obs: Nombre d'observations ; **PLTD** : poids du lobe thyroïdien droit ; **PLTG** : poids du lobe thyroïdien gauche ; **PISTH** : poids de l'isthme ; **PTT** : poids total de la glande thyroïde ; **CLPDS** : classe de poids ; **CLAG** : classe d'Age ; **ddl** : degré de liberté

Tableau V : Effet du sexe sur le poids du lobe thyroïdien droit, lobe thyroïdien gauche, poids de l'isthme et le poids total de la thyroïde (moyenne ± Ecart Type Moyen (ETM))

Sexe	Nb. Obs.	PLTD (g)	PLTG (g)	PISTH (g)	PTT (g)
Mâle	425	$12,26^a \pm 0,15$	$\mathbf{12,18^a \pm 0,16}$	$2,19^a \pm 0,04$	$\mathbf{26,32^a \pm 0,28}$
Femelle	165	$11,48^b \pm 0,19$	$\mathbf{11,52^b \pm 0,21}$	$2,07^a \pm 0,06$	$\mathbf{24,92^b \pm 0,37}$

Les valeurs sur la même colonne avec au moins une même lettre ne diffèrent pas au risque de 5%.

Nb. Obs : Nombre d'observations ; **PLTD** : poids du lobe thyroïdien droit ; **PLTG** : poids du lobe thyroïdien gauche ; **PISTH** : poids de l'isthme ; **PTT** : poids total de la glande thyroïde

En ce qui concerne l'effet de la classe de poids de l'animal on note qu'il y a une différence significative entre la première classe de poids et les autres classes sur le poids du lobe thyroïdien droit, lobe thyroïdien gauche et le poids total de la thyroïde. Cependant, aucune différence statistique n'a été détectée entre les 4 classes de poids pour le poids de l'isthme (**Tableau VI**).

Tableau VI : Effet de la classe de poids sur le poids du lobe thyroïdien droit, lobe thyroïdien gauche, poids de l'isthme et le poids total de la thyroïde (moyenne ± ETM)

Classe de poids	Nb. Obs.	PLTD (g)	PLTG (g)	PISTH (g)	PTT (g)
Classe 1	207	$10,79^a \pm 0,23$	$10,68^a \pm 0,24$	$1,99^a \pm 0,07$	$23,51^a \pm 0,44$
Classe 2	127	$11,97^b \pm 0,24$	$11,94^b \pm 0,26$	$2,14^a \pm 0,08$	$25,74^b \pm 0,47$
Classe 3	82	$12,26^b \pm 0,27$	$12,22^b \pm 0,29$	$2,23^a \pm 0,09$	$26,29^b \pm 0,52$
Classe 4	174	$12,45^b \pm 0,19$	$12,56^b \pm 0,20$	$2,15^a \pm 0,06$	$26,92^b \pm 0,37$

Les valeurs sur la même colonne avec au moins une même lettre ne diffèrent pas au risque de 5%.

Nb. Obs : Nombre d'observations ; **PLTD** : poids du lobe thyroïdien droit ; **PLTG** : poids du lobe thyroïdien gauche ; **PISTH** : poids de l'isthme ; **PTT** : poids total de la glande thyroïde ; **PR** : poids relatif ; **CLPDS** : classe de poids ; **CLPDS** : classe d'Age.

Le poids de la glande thyroïde varie aussi en fonction de l'Age des animaux. Cette différence est statistiquement significative aussi bien pour le poids du lobe thyroïdien droit, lobe thyroïdien gauche, poids de l'isthme et le poids total de la thyroïde (**Tableau VII**).

Tableau VII : Effet de la classe d'Age sur le poids du lobe thyroïdien droit, lobe thyroïdien gauche, poids de l'isthme et le poids total de la thyroïde (moyenne ± ETM)

Classe d'Age	Nb. Obs	PLTD (g)	PLTG (g)	PISTH (g)	PTT (g)
Classe 1	347	$8,98^a \pm 0,16$	$9,28^a \pm 0,17$	$1,44^a \pm 0,05$	$19,25^a \pm 0,31$
Classe 2	168	$13,79^b \pm 0,19$	$13,80^b \pm 0,21$	$2,59^b \pm 0,09$	$30,05^b \pm 0,38$
Classe 3	75	$12,84^c \pm 0,30$	$12,48^c \pm 0,32$	$2,36^c \pm 0,09$	$27,53^c \pm 0,58$

Les valeurs sur la même colonne avec au moins une même lettre ne diffèrent pas au risque de 5%.
Classe 1 < 3 ans ; **Classe 2** ≥ 3 ans et < 5 ans ; **Classe 3** ≥ 5 ans
Nb. Obs : Nombre d'observations ; **PLTD** : poids du lobe thyroïdien droit ; **PLTG** : poids du lobe thyroïdien gauche ; **PISTH** : poids de l'isthme ; **PTT** : poids total de la glande thyroïde.

* Cas particuliers

Dans la première classe d'Age (< à 3 ans), nous avons noté l'absence du lobe thyroïdien droit chez 11 sujets, soit 3,05% ; dans ce cas le poids moyen du lobe thyroïdien gauche est de 15 ± 1,6 g (**Photo 7**). Le lobe thyroïdien gauche est absent chez 2 dromadaires, soit 0,55% ; dans ce cas le poids moyen du lobe thyroïdien droit est de 14 ± 1,2 g.

Dans la seconde classe d'Age, le lobe thyroïdien droit est absent chez deux animaux, soit 1,17% ; dans ce cas le poids moyens du lobe thyroïdien gauche est de 24 ± 0,8 g. Le lobe gauche est absent chez un seul sujet, soit 0,58% ; le poids dans ce cas du lobe thyroïdien droit est de 25 g.

Enfin, pour la troisième classe d'Age on note uniquement l'absence du lobe droit chez un seul dromadaire, soit 1,31% et le poids du lobe thyroïdien gauche est de 21 g.

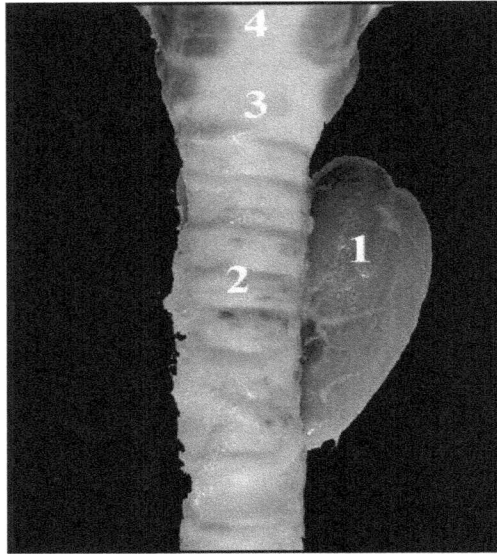

Photo 7 : Glande thyroïde du dromadaire avec un seul lobe appliqué contre la trachée (Vue ventrale)

1 : Lobe thyroïdien droit - 2 : Trachée – 3 : Cartilage cricoïde – 4 : Cartilage thyroïde

1-2- Rapports et topographie

L'étude des rapports et de la topographie montre que la glande thyroïde du dromadaire se met en rapport avec les muscles cervicaux ventraux et le faisceau vasculo-nerveux de la loge viscérale du cou.

La surface ventro-latérale des glandes thyroïdes est longée par les muscles sterno-hyoïdien, sterno-thyroïdien et sterno-céphalique. Le bord dorsal est en contact direct avec l'œsophage, il est longé aussi par l'artère carotide commune et le cordon vago-sympathique qui l'accompagne. La face médiale de la glande est intimement liée au cartilage trachéal. C'est entre la trachée et le lobe thyroïdien que chemine le nerf laryngé caudal. La face latérale de la glande est parcourue par le nerf vague qui est accompagné par l'artère carotide commune (**Photos 8** et **9**).

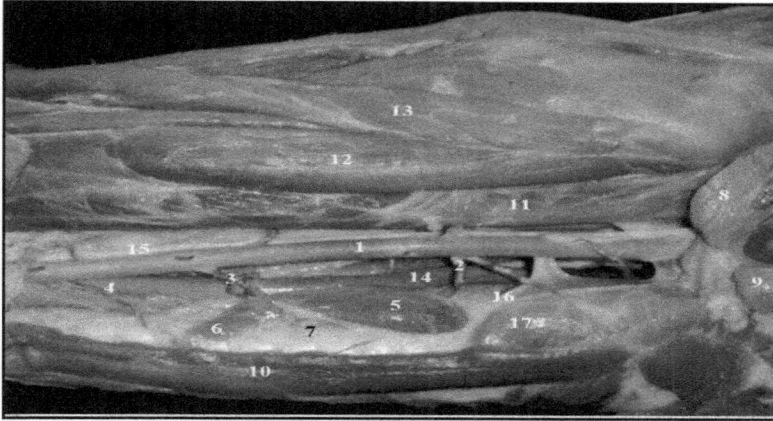

Photo 8 : Sillon jugulaire du dromadaire : (Vue latérale droite)

1 : Artère carotide commune droite - 2 : Artère thyroïdienne crâniale –3 : Artère thyroïdienne moyenne - 4 : Artère thyroïdienne caudale – 5 : Lobe thyroïdien droit - 6 : Isthme - 7 : Trachée - 8 : Glande salivaire parotide - 9 : Muscle stylohyoïdien - 10 : Muscle omohyoïdien - 11 : Muscle sterno-céphalique - 12 : Muscle hyopharyngien - 13 : Muscle brachio-céphalique - 14 : Œsophage - 15 : cordon vago-sypathique droit - 16 : Nerf laryngé - 17 : Muscle crico-thyroïdien.

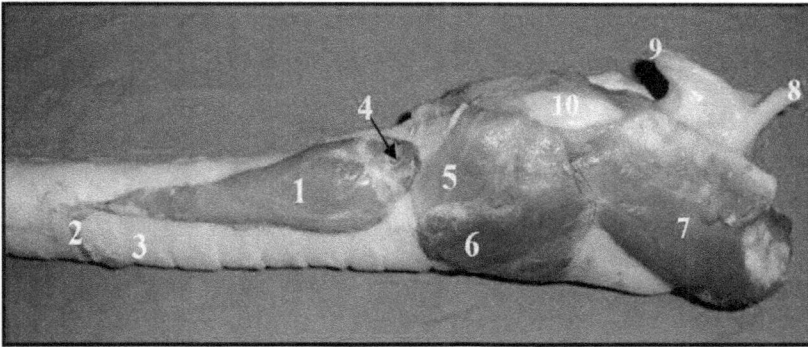

Photo 9: Larynx, trachée et glande thyroïde du dromadaire (Vue latérale droite)

1 : Lobe thyroïdien droit - 2 : Isthme thyroïdien - 3 : Trachée - 4 : Glande parathyroïde externe droite - 5 : Muscle crico- thyroïdien - 6 : Muscle sterno- thyroïdien - 7 : Muscle thyro- thyroïdien - 8 : Cartilage épiglottique - 9 : Cartilage aryténoïdien - 10 : Cartilage thyroïdien.

Chez la plupart des sujets étudiés, la glande thyroïde se situe contre les six ou les sept premiers anneaux trachéaux (**Tableau VIII**). Des variations individuelles ont, cependant, été observées. Chez certains sujets, la glande thyroïde occupe une position plus crâniale, son pôle crânial touche le cartilage cricoïde (**Tableau VIII**). Chez d'autres sujets, le pôle crânial se trouve au niveau du sixième ou neuvième anneau trachéal et le pôle caudal de la glande arrive au niveau du quatorzième ou du quinzième anneau trachéal (**Tableau VIII**).

Chez le même individu, la topographie des deux lobes thyroïdiens n'est pas exactement identique. En effet, une dissymétrie entre les deux lobes thyroïdiens a été noté dans 226 cas soit 62,77% chez les animaux < à 3 ans et dans 173 cas soit 70,32% chez les animaux ≥ à 3 ans. Cependant, les lobes thyroïdiens sont symétriques dans 134 cas soit 37,33% chez les animaux < à 3 ans et dans 73 cas soit 29,68% chez les animaux ≥ à 3 ans.

Des thyroïdes accessoires ont été identifiées, elles sont liées aux lobes principaux par un tissu glandulaire mince similaire à celui de l'isthme. Le nombre et la localisation des thyroïdes accessoires sont variables. En effet, onze animaux ont des thyroïdes accessoires droits, quarante huit animaux des thyroïdes accessoires gauches et huit animaux des thyroïdes accessoires droites et gauches (**Photos 3 et 10**). Les thyroïdes accessoires droites occupent des positions variables entre le 3ème et le 26ème annaux trachéal. Cependant, les thyroïdes accessoires gauches occupent des positions variables entre le 5ème et le 38ème anneau trachéal. Le poids du lobe thyroïde accessoire droit est de $2,11 \pm 0,87$ g et le poids du lobe thyroïde accessoire gauche est de $2,42 \pm 1,28$ g.

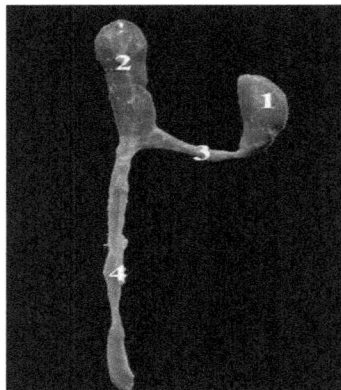

Photo 10 : Glande thyroïde du dromadaire avec un long lobe accessoire
1 : Lobe thyroïdien droit - **2** : Lobe thyroïdien gauche - **3** : Isthme thyroïdien - **4** : Lobe accessoire

Tableau VIII : Topographie de la glande thyroïde chez les dromadaires en fonction de l'Age

Age	< 3 ans				≥ 3 ans			
Loc.	LTD		LTG		LTD		LTG	
	P crâ	P cau	P crâ	P cau	P crâ	P cau	P crâ	P cau
C	17 (4,72%)	.	19 (5,27%)	.	17 (6,91%)	.	18 (7,31%)	.
1er	142 (39,44%)	.	138 (38,33%)	.	89 (36,17%)	.	93 (37,80%)	.
2ème	141 (39,16%)	.	138 38,33%)	.	98 (39,83%)	.	98 (39,93%)	.
3ème	39 (10,83%)	.	56 (15,55%)	1 (0,27%)	33 (13,41%)	.	31 (12,60%)	.
4ème	3 (0,83%)	8 (2.22%)	5 (1,38%)	3 (0,83%)	3 (1,21%)	8 (3,25%)	5 (2,03%)	4 (1,62%)
5ème	.	77 (21.38%)	.	65 (18,05%)	.	47 (19,10%)	.	.
6ème	2 (0,55%)	145(40.27%)	.	143 (39.72%)	2(0,81%)	109 (44,30%)	.	45 (18,29%)
7ème	.	75 (20,83%)	.	91 (25,27%)	1(0,40%)	58 (23,57%)	.	100 (40,60%)
8ème	.	29 (8,05%)	.	35 (9,72%)	.	17 (6,91%)	.	68 (27,64%)
9ème	.	10 (2,77%)	.	15 (4,16%)	.	3 (1,21%)	.	22 (8,94%)
10ème	.	.	.	.	.	.	.	5 (2,03%)
11ème	.	4 (1,11%)	.	1 (0,27%)	.	.	1 (0,40%)	1 (0,40%)
12ème	.	.	.	4 (1,11%)	.	.	.	.
13ème	.	1 (0,27%)	.	.	.	1 (0,40%)	.	.
14ème	.	.	1 (0,27%)	.	.	.	.	.
15ème	.	.	.	.	.	.	.	1(0,40%)
Abs	11 (3,05%)	11 (3,05%)	2 (0,55%)	2 (0,55%)	3 (1,21%)	3 (1,21%)	.	.
Total	360	360	360	360	246	246	246	246

Les chiffres indiquant le nombre d'animaux observés, sont suivis du% correspondant.

Loc. : Localisation Cartilage cricoïde ; **C** : Cartilage cricoïde ; **1er** : 1er anneau trachéal ... **15ème** anneau trachéal ; **LTD** : lobe thyroïdien droit ; **LTG** : lobe thyroïdien gauche ; **P crâ** : Pôle crânial ; **P cau** : Pôle caudal

1-3- Vascularisation et innervation

L'étude de la vascularisation montre que l'irrigation artérielle de chaque lobe thyroïdien chez le dromadaire se fait grâce à trois artères, toutes issues de l'artère carotide commune, il s'agit des artères thyroïdiennes crâniale, moyenne et caudale.

L'artère thyroïdienne crâniale émet des rameaux vers les différents lobules crâniaux et aussi des branches pharyngées, laryngées et musculaires. L'artère thyroïdienne moyenne donne des rameaux vers les différents lobules moyens. Enfin, L'artère thyroïdienne caudale émet des rameaux vers les différents lobules caudaux et aussi des branches oesophagienne et musculaire (**Photos 11, 12 et 13**).

Le drainage veineux de chaque lobe thyroïdien se fait par trois veines thyroïdiennes : une crâniale, une moyenne et une caudale. Elles sont satellites des artères thyroïdiennes correspondantes et s'ouvrent dans la veine jugulaire externe.

Le drainage lymphatique est assuré par des vaisseaux lymphatiques qui circulent dans la capsule et qui sont visibles sur une coupe histologique. Ils sont drainés par les nœuds lymphatiques cervicaux profonds (**Photos 14 et 15**).

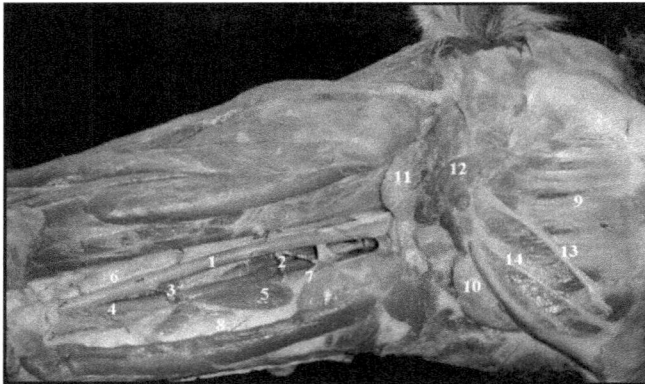

Photo 11 : Région cervicale crâniale du dromadaire

1 : Artère carotide commune droite - **2** : Artère thyroïdienne crâniale - **3** : Artère thyroïdienne moyenne - **4** : Artère thyroïdienne caudale - **5** : Lobe thyroïdien droit - **6** : Cordon vago-sympathique droit - **7** : Nerf laryngé crânial - **8** : Trachée **9** : Muscle masséter – **10** : Noeud lymphatique mandibulaire – **11** : Glande salivaire mandibulaire – **12** : Glande salivaire parotide – **13** : Rameau buccal dorsal du VII – **14** : Rameau buccal ventral du VII.

Chaque lobe thyroïdien est longé médialement par le nerf laryngé caudal et latéralement par le cordon vago-sympathique (**Photos 11, 12, 13 et 16**). Ce dernier émet des rameaux très grêles à peine visible à l'œil nu qui innervent la glande thyroïde. Le nerf laryngé caudal, ne semble pas fournir de rameaux à la glande thyroïde.

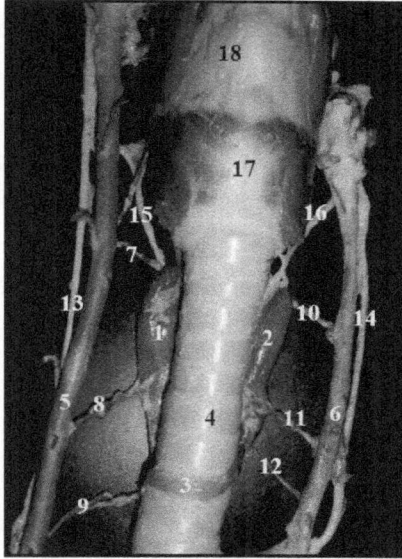

Photo 12 : Vascularisation et innervation de la glande thyroïde du dromadaire (Vue ventrale)

1 : Lobe thyroïdien droit - 2 : Lobe thyroïdien gauche – 3 : Isthme – 4 : Trachée – 5 : Artère carotide commune droite – 6 : Artère carotide commune gauche - 7 : Artère thyroïdienne crâniale droite - 8 : Artère thyroïdienne moyenne droite - 9 : Artère thyroïdienne caudale droite - 10 : Artère thyroïdienne crâniale gauche - 11 : Artère thyroïdienne moyenne gauche - 12 : Artère thyroïdienne caudale gauche - 13 : Cordon vago-sympathique droit - 14 : Cordon vago-sympathique gauche - 15 : Nerf laryngé crânial droit - 16 : Nerf laryngé crânial gauche – 17 : Cartilage cricoïde – 18 : Cartilage thyroïde.

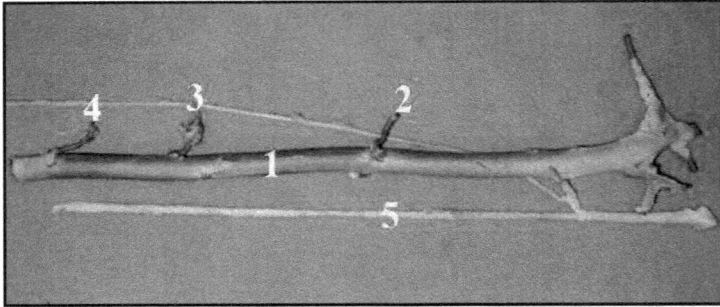

Photo 13 : Artère carotide commune et cordon vago-sympathique isolés du dromadaire

1 : Artère carotide commune - 2 : Artère thyroïdienne crâniale - 3 : Artère thyroïdienne moyenne –
4 : Artère thyroïdienne caudale - 5 : Cordon vago-sympathique.

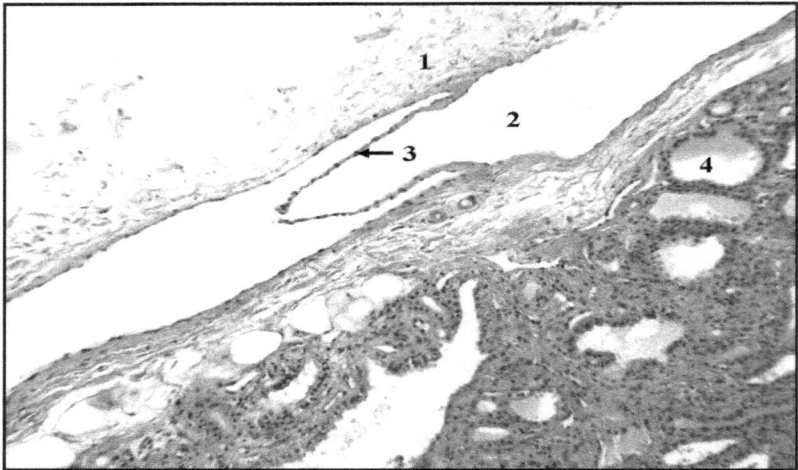

Photo 14 : Coupe histologique de la glande thyroïde d'un dromadaire au niveau d'un vaisseau lymphatique (H. E. x 200)

1 : Capsule - 2 Vaisseau lymphatique – 3 : Valvule – 4 : Follicule thyroïdien

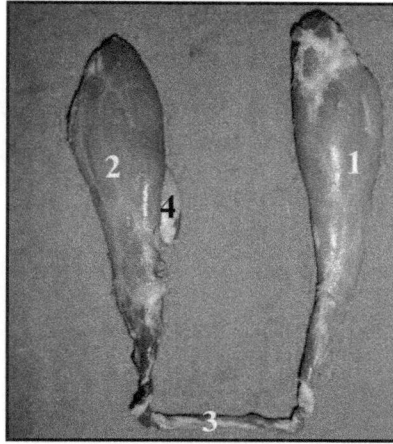

Photo 15 : Rapports des glandes thyroïdes avec les nœuds lymphatiques cervicaux profonds chez le dromadaire (Vue latérale)

1 : Lobe thyroïdien droit - **2** : Lobe thyroïdien gauche - **3** : Isthme thyroïdien - **4** : Nœud lymphatique cervical profond crânial.

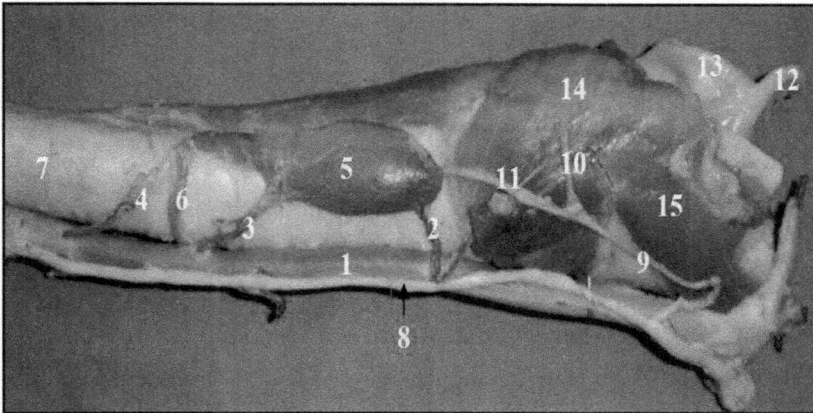

Photo 16 : Artères et nerfs du larynx et de la glande thyroïde du dromadaire (Vue latérale droite)

1 : Artère carotide commune droite - **2** : Artère thyroïdienne crâniale droite - **3** : Artère thyroïdienne moyenne droite - **4** : Artère thyroïdienne caudale droite - **5** : Lobe thyroïdien droit – **6** : Isthme – **7** : Trachée - **8** : Cordon vago-sympathique droit - **9** : Nerf laryngé crânial droit – **10** : Rameau interne du nerf. laryngé crânial – **11** : Rameau externe du nerf laryngé crânial - **12** : Epiglotte – **13** : Cartilage aryténoïde – **14** : Muscle crico-thyroïdien – **15** : Muscle hyo- thyroïdien.

1-4- Structure

1-4-1- Capsule

La capsule de la glande thyroïde du dromadaire est relativement épaisse, elle est de nature conjonctivo-fibreuse. Elle laisse échapper des cloisons qui pénètrent profondément à l'intérieur du lobe thyroïdien (**Photo 17**).

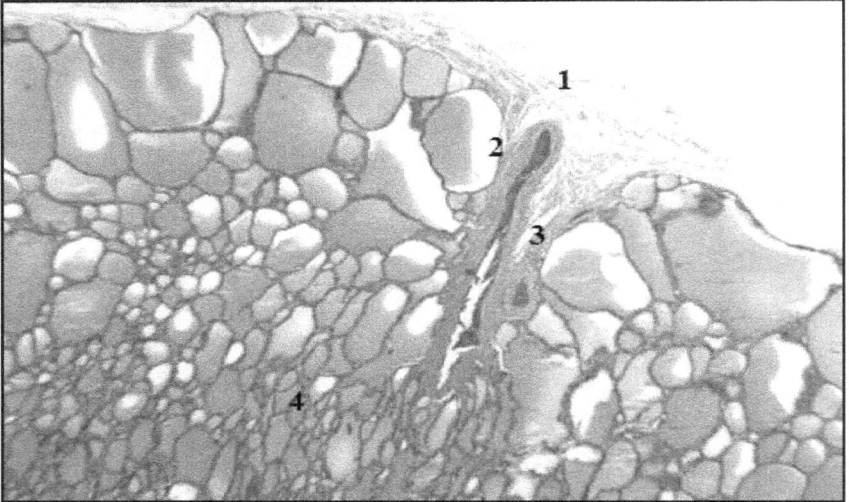

Photo 17 : Coupe histologique de la glande thyroïde du dromadaire

(H. E. x 250)

1 : Capsule – **2** : Follicules périphériques - **3** : Vaisseau sanguin – **4** : Follicules centraux

1-4-2- Parenchyme glandulaire

Le parenchyme glandulaire de la glande thyroïde du dromadaire est constitué par de nombreux follicules thyroïdiens qui constituent l'unité structurale de la thyroïde.

Ces follicules sont de deux types :

- les follicules périphériques sont de grande taille, (**Photos 17 et 18**).

- les follicules centraux sont de petite taille (**Photos 17 et 18**).

L'épithélium glandulaire du follicule thyroïdien du dromadaire est constitué de cellules épithéliales de forme ovoïde qui possèdent un noyau sphérique ou aplati. Il est aplati si les follicules sont périphériques et cubique quant ils sont centraux (**Photo 19**).

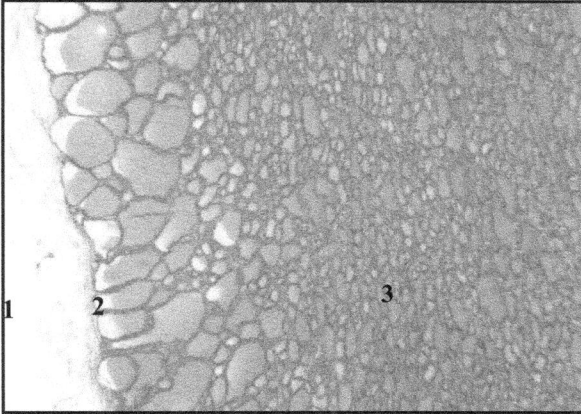

Photo 18 : Coupe histologique de la glande thyroïde du dromadaire (H. E. x 100)
1 : Capsule – 2 : Follicules périphériques – 3 : Follicules centraux

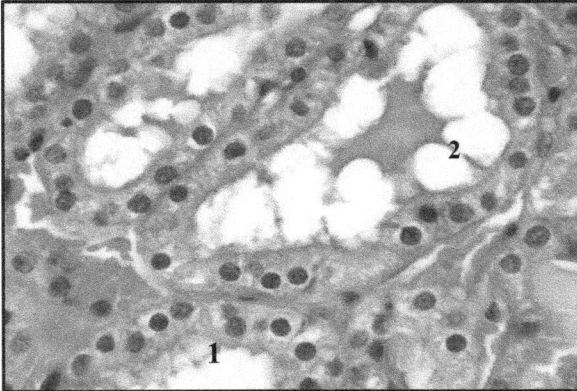

Photo 19 : Coupe histologique de la glande thyroïde du dromadaire (H. E. x 400)
1 : Epithélium folliculaire -2 : Follicule thyroïdien

1-4-3- Structure de l'isthme

L'isthme est constitué par une capsule, des follicules périphériques de grande taille et des follicules centraux de petite taille (**Photo 20**).

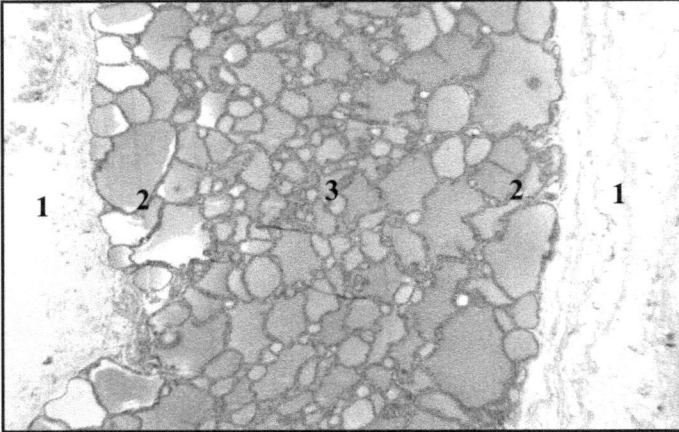

Photo 20 : Coupe histologique de l'isthme thyroïdien du dromadaire
(H. E. x 250)

1 : Capsule - 2 : Follicules périphériques – 3 : Follicules centraux

1-4-4- Substance colloïde

La Substance colloïde est colorée à l'hémalun-éosine en rose plus ou moins foncé. Quand les follicules sont en état de repos ils apparaissent distendus, remplis de substance colloïde, avec des cellules épithéliales aplaties contre la membrane basale.

L'état d'activité s'est traduit par une réduction du volume de la substance colloïde avec des cellules épithéliales plutôt cubiques, reflétant un état de synthèse et de sécrétion hormonale.

Ainsi, la substance colloïde est abondante au nivaux des follicules centraux et se trouve en faible quantité dans les follicules périphériques.

Les vaisseaux lymphatiques ainsi que les valvules qui sont le prolongement de l'intima et qui indique le sens de drainage lymphatique sont bien nets sur une coupe histologique de la glande thyroïde (**Photo 21**).

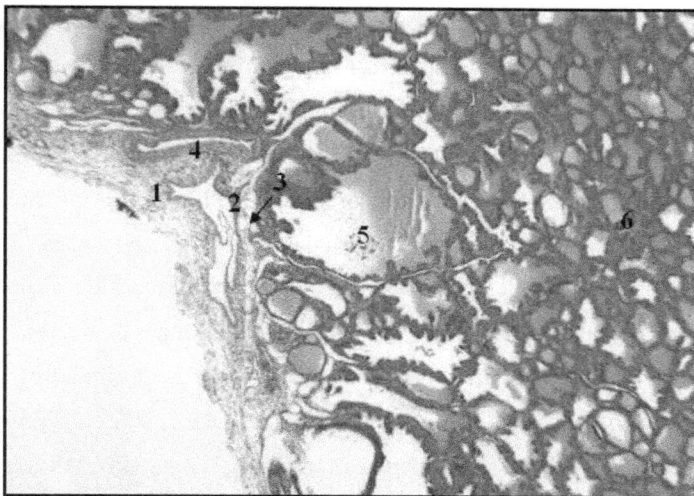

Photo 21 : Coupe histologique de la glande thyroïde d'un dromadaire (H. E. x 100)

1 : Capsule - 2 : Vaisseau lymphatique – 3 : Valvule – 4 : Vaisseau sanguin - 5 : Follicule périphérique - 6 : Follicules centraux

2- Discussion de l'étude anatomique et histologique
2-1- Caractères généraux
2-1-1- Couleur

Pour ce qui est de la couleur de la glande thyroïde du dromadaire, nous avons constaté qu'elle ressemble à celle des ovins, elle est par contre, plus sombre que celle du cheval. Chez ce dernier, BARONE (1978) signale qu'elle est de couleur brun rougeâtre tirant souvent sur le violet. La couleur de la glande thyroïde du dromadaire est également variable en fonction de l'Age. En effet, elle est de couleur rouge clair chez les animaux jeunes (< 3 ans) et rouge brun chez les animaux âgés (> 5ans) en passant par le jaune brunâtre chez les animaux de 3 à 5 ans.

2-1-2- Forme

Notre étude montre que la forme de la glande thyroïde du dromadaire est variable. En effet, cette glande peut avoir une forme allongée en cigare aplatie ou ovale, une forme triangulaire avec des extrémités crâniales et caudales arrondies soit une forme irrégulière. Selon CURASSON (1947), la glande thyroïde du dromadaire a une forme allongée en cigare aplatie, alors que TAYEB (1956) décrit une forme plutôt triangulaire avec des extrémités crâniales et caudales arrondies. Etudiant les particularités anatomiques des glandes thyroïdes et parathyroïdes de 27 dromadaires, ASLOUJ (1997) montre que les lobes thyroïdiens sont allongés ou ovales.

Nos résultats concernant la présence de l'isthme sont similaires à ceux de TAHA et ABDELMAGID (1994). Par contre, LESBRE (1906) (*in* TAYEB,1956) constate l'absence d'isthme thyroïdien. Cependant, CURASSON (1947), remarque qu'il est plutôt inconstant ; BARONE (1978) et MONTANE (1978) ont rapporté, aussi, cette observation chez le cheval. Selon ASLOUJ (1997), l'isthme thyroïdien est constant chez les animaux jeunes mais peut disparaître chez les animaux âgés ou se transformer en un fin faisceau conjonctif difficilement repérable. Chez d'autres espèces, l'isthme peut être absent notamment chez le chien (BONE, 1982) et les polyprotodontes (YAMASAKI, 1993).

Dans deux cas, nous avons noté la présence d'un lobe supplémentaire intercalé entre les deux lobes droit et gauche, donnant ainsi à la glande une forme de papillon. Chez l'homme, ce lobe est constant et appelé communément lobe pyramidal ou pyramide de lallouette. Il est également signalé par BARONE (1978) chez l'âne. Par contre, TAHA et ABDELMAGID (1994) et ASLOUJ, (1997) ont signalé que la glande thyroïde du dromadaire en est dépourvue.

2-1-3- Poids

Nos résultats montrent qu'il y a une différence statistiquement significative entre les poids des glandes thyroïdes en fonction du sexe, celles des dromadaires mâles possèdent un poids plus élevé. En effet, le poids total de la glande thyroïde du mâle est de 26,32 ± 0,28 g, il est de 24,92 ± 0,37 g chez la femelle. Ceci pourrait s'expliquer par le fait que le métabolisme de base est plus important chez le mâle que chez la femelle non gestante.

Selon GETTY (1975), le poids des glandes thyroïdes chez les équidés comme d'ailleurs chez les bovins est d'environ 15 g. Nos résultats rejoignent les conclusions de plusieurs auteurs qui ont montré que le poids de la glande thyroïde du dromadaire est supérieur à celui des autres animaux domestiques. Il est de 10,97 ± 3,65 g pour le lobe gauche et de 10,88 ± 3,59 g pour le lobe droit, AL BAGHDADI (1964) et ASLOUJ (1997), ont fait la même remarque ; ce dernier donne des valeurs très proches : 11,75 ± 4,37 g pour le lobe gauche et 12,19 ± 4,50 g pour le lobe droit.

Parmi les animaux domestiques, le dromadaire possède donc les glandes thyroïdes les plus volumineuses, cette particularité serait en rapport avec son mode de vie, c'est un animal exposé à de fortes déperditions de chaleur et possède un métabolisme élevé. Dans cette espèce la glande thyroïde intervient activement dans le métabolisme hydrique.

Dans notre étude, comme dans celles de BAISHYA et al. (1985) et ASLOUJ (1997), pour un même animal il n'existe pas de différence significative entre les poids des lobes droit et gauche aussi bien chez les mâles que chez les femelles.

Nos résultats montrent aussi que la différence est statistiquement significative entre les poids des lobes thyroïdiens en fonction du sexe. En effet, le poids du lobe thyroïdien droit du dromadaire mâle est supérieur à celui de la femelle, il est respectivement de, 10,98 ± 3,59 g contre 10,60 ± 3,59 g. De même, pour le côté opposé, le poids du lobe thyroïdien est de 11,08 ± 3,75 g chez le mâle et 10,70 ± 3,75 g chez la femelle.

Il n'existe, cependant, pas de différence significative entre les deux sexes pour le poids de l'isthme thyroïdien, qui est de 2,19 g ± 0,04 pour le dromadaire mâle et 2,07 g ± 0,06 pour la femelle.

Par ailleurs, la comparaison du poids du lobe thyroïdien droit, du poids du lobe thyroïdien gauche et du poids total de la glande thyroïde chez les sujets des trois classes d'Age montre une augmentation du poids de la glande thyroïde chez les animaux âgés entre 3 et 5 ans. Il s'agit d'une variation d'ordre fonctionnel. En effet, cette période correspond à la période de la puberté qui s'accompagne par une hyperactivité de cette glande. Cependant les travaux de ASLOUJ (1997) montrent que le poids de la glande thyroïde du dromadaire augmente au fur et à mesure que l'animal avance dans l'Age.

Nous avons aussi constaté qu'il existe une différence significative entre la première classe de poids et les autres classes concernant le poids de la glande thyroïde (poids total, poids du lobe droit et poids du lobe gauche).

A propos du poids de l'isthme thyroïdien, la différence est plutôt non significative entre les 4 classes citées plus haut.

A part la première classe, nos résultats montrent que le poids de la glande thyroïde est indépendant de celui de l'animal, alors que SHILVELY et al. (1969) affirment que le poids de la glande thyroïde dépend du poids de l'animal.

2-2- Rapports et topographie

L'étude des rapports et de la topographie montre que les lobes thyroïdiens du dromadaire sont situés, comme chez les autres mammifères domestiques, de chaque côté de la trachée ; ils occupent, dans la majorité des cas, les six ou les sept premiers anneaux trachéaux. Cependant, chez certains sujets, la glande thyroïde occupe une position plus crâniale, son pôle crânial touche le cartilage cricoïde, ce qui concorde avec les résultats de ASLOUJ (1997) et TAHA et ABDELMAGID (1994). Par contre, chez d'autres sujets, le pôle crânial se trouve au niveau du sixième ou du neuvième anneau trachéal et le pôle caudal de la glande touche le quatorzième ou le quinzième anneau trachéal. Contrairement à ce qui ressort de ce dernier résultat,

ASLOUJ (1997) rapporte que le pôle caudal de la glande déborde légèrement le sixième anneau trachéal sans jamais dépasser le septième anneau de la trachée. TAYEB (1956) et AGBA et al. (1996) leur attribuent une position plus crâniale, elle serait située au niveau des 3 ou 4 premiers anneaux trachéaux. Chez les autres mammifères domestiques, GETTY (1975) indique qu'il existe des variations spécifiques touchant la topographie des glandes thyroïdes. C'est ainsi que chez les bovins, la glande thyroïde est en contact avec le cartilage cricoïde par son pôle crânial, par contre chez la chèvre, les lobes thyroïdiens sont plus caudaux par rapport à ce cartilage, ils sont encadrés par le deuxième et le septième anneau trachéaux.

Chez la plupart des sujets étudiés, nous avons noté une dissymétrie entre les deux lobes thyroïdiens. Les mêmes observations on été rapportées par ASLOUJ (1997) et TAHA et ABDELMAGID (1994).

A propos des glandes thyroïdes accessoires, nous avons constaté, quelles occupent des positions variables, mais restent constamment en contact avec la glande principale. Elles sont uniques ou doubles et ne dépassent pas le nombre de deux. Ces constatations rejoignent les résultats de TAHA et ABDELMAGID (1994).

2-3- Vascularisation

La glande thyroïde du dromadaire est irriguée par trois artères, toutes issues de l'artère carotide commune, il s'agit des artères thyroïdiennes : crâniale, moyenne et caudale. Ainsi l'artère thyroïdienne moyenne est régulièrement observée chez les douze animaux disséqués. Par contre, pour TAHA et ABDELMAGID (1994) et ASLOUJ (1997), la glande thyroïde du dromadaire est irriguée uniquement par deux artères, toutes issues de l'artère carotide commune, il s'agit des artères thyroïdiennes crâniale et caudale.

La vascularisation des glandes thyroïdes des mammifères domestiques est souvent assurée par deux artères, l'artère thyroïdienne crâniale et l'artère thyroïdienne caudale REILLY (1955). Selon BARONE (1978) l'artère thyroïdienne crâniale est constante et large chez les animaux domestiques.

2-4- Structure

Nos observations montrent que la capsule de la glande thyroïde du dromadaire est, comme chez les autres mammifères domestiques, de nature conjonctivo-fibreuse. Elle laisse échapper des cloisons qui pénètrent profondément à l'intérieur du lobe thyroïdien et le subdivisent ainsi en plusieurs lobules. AL-BAGHDADI (1964) ajoute que cette enveloppe s'épaissit au point de pénétration des vaisseaux et des nerfs.

Etudiant la structure de la capsule thyroïdienne chez le cheval, BARONE et SIMOENS (2010) constatent que le conjonctif capsulaire se continue dans les espaces inter-folliculaires mais devient peut abondant et riche en collagène servant de support à un important réseau capillaire.

Le parenchyme glandulaire de la thyroïde du dromadaire est constitué par des follicules ou vésicules thyroïdiennes, formées par une seule couche épithéliale, renfermant la substance colloïde et présentant des formes et des tailles très variables. Si AL BAGHDADI (1964) n'a pas mis en évidence de différences significatives de la forme de ces vésicules en fonction de l'Age de l'animal, il l'attribue à une activité cyclique en rapport avec les stades physiologiques de l'animal.

Nous avons constaté que la forme des follicules thyroïdiens est régulière chez les sujets de moins de 3 ans, cette forme devient de plus en plus irrégulière au fur et à mesure que l'Age de l'animal avance.

Des variations de taille et de forme sont également constatées chez le chien et l'homme (VERNE, 1963) mais de tels follicules ne sont pas aussi nombreux que chez le dromadaire.

Sur la même coupe histologique, nous avons pu constater une augmentation graduelle de la taille des follicules thyroïdiens depuis le centre du lobe thyroïdien jusqu'à la périphérie, les follicules périphériques étant toujours les plus volumineux.

Etudiant la glande thyroïde de l'homme, VERNE (1963) remarque que les cellules prennent un aspect clair chez les sujets jeunes et deviennent foncées chez les sujets adultes. Sur nos coupes histologiques, la substance colloïde nous a paru homogène et colorée en rose plus ou moins foncé. Certains follicules sont vides, d'autres sont remplis et distendus, ils correspondent à un état de repos sécrétoire.

3- Résultats de l'étude morphométrique et des hormones thyroïdiennes

3-1- Etude morphométrique

L'analyse descriptive qualitative après coloration par l'hémalun éosine montre que sur la même coupe histologique, les follicules thyroïdiens ont un aspect hétérogène.

La taille des follicules thyroïdiens est très variable, ils sont nettement plus gros chez les sujets adultes et en été. De même, sur la même coupe histologique, les follicules périphériques sont plus grands que les follicules centraux (**Photo 22**). Enfin, chez les sujets de même Age et de même sexe pendant la même saison, une différence de taille et une forme variable des follicules a été mise en évidence.

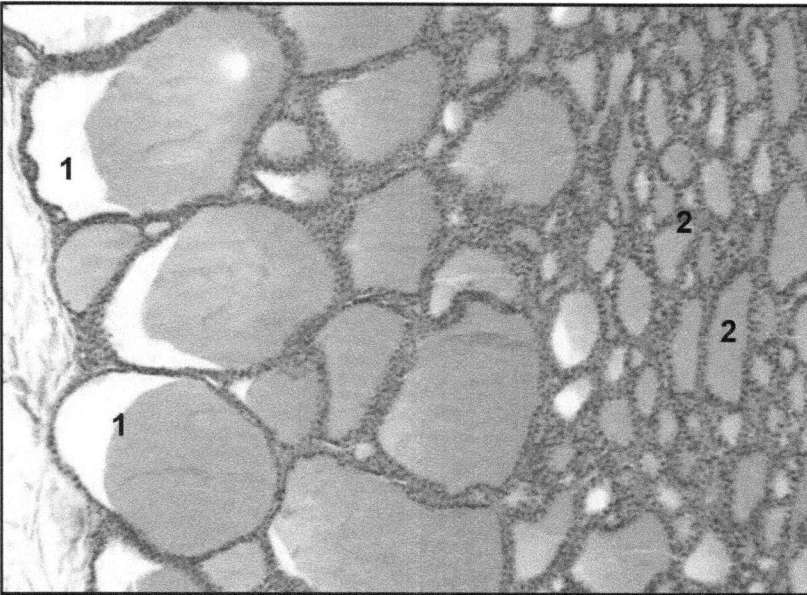

Photo 22 : Thyroïde d'un dromadaire (H.E. x 250)

1 : Follicules périphériques - 2 : Follicules centraux

La coloration par l'hémalun éosine ne permettant pas de déterminer avec précision les limites externes des follicules, nous avons réalisé une imprégnation

89

argentique sur coupe permettant de visualiser très nettement la membrane basale des follicules thyroïdiens (**Photo 23**) et d'en effectuer une analyse morphologique et morphométrique dans de bonnes conditions.

L'ensemble des facteurs inclus dans le modèle d'analyse de la variance ont eu un effet significatif ($P<0,05$). Les coefficients de détermination varient entre 88% et 91,53% (**Tableau IX**).

Les valeurs moyennes des différentes valeurs morphométriques mesurées de la thyroïde sont rapportées dans le **tableau X**.

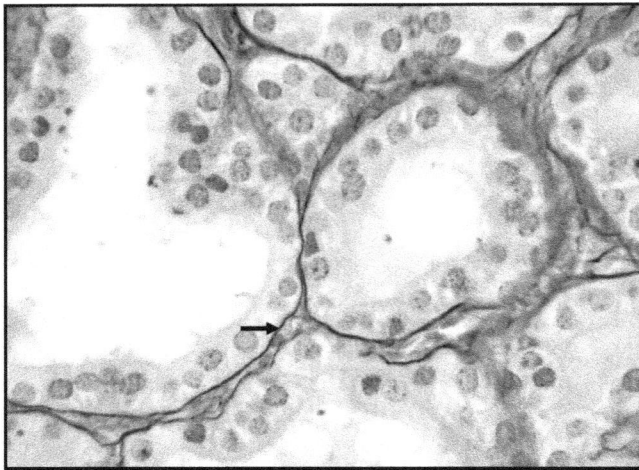

Photo 23 : Thyroïde d'un dromadaire colorée par la méthode de Gordon et Sweets (Imprégnation argentique x 400)

[La flèche indique la visualisation en noir de la membrane basale]

L'étude en fonction de l'Age montre que la surface folliculaire moyenne la plus importante est observée chez les animaux de la 3ème classe d'Age ($6873,7\pm669,6$ μm^2) alors que la surface folliculaire moyenne la moins importante est observée chez les animaux de la 2ème classe d'Age ($4912,5\pm467$ μm^2) en passant par les animaux de la 1ère classe d'Age qui possèdent une surface folliculaire moyenne de $5650,2\pm385,5$ μm^2 ($P<0,05$).

La surface folliculaire moyenne est plus importante chez les femelles que chez les mâles, elle est respectivement de 6048±985,5 μm^2 et 5576,3±879,5 μm (P<0,05). Notre étude montre que la surface folliculaire moyenne est plus importante en été (6117,3±881,8 μm^2) qu'en hiver (5506,9±943,4 μm^2) (P<0,05).

Comme pour la surface folliculaire moyenne, la surface colloïde moyenne la moins importante est observée chez les animaux appartenant à la 2ème classe d'Age (1521±307μm^2). Cependant, la surface colloïde moyenne la plus importante est observée chez les animaux de la 3ème classe d'Age (3015,5±580,7μm^2). Enfin, les animaux de la 1ère classe d'Age possèdent une surface colloïde moyenne de 2010,8±367,9 μm^2 (P<0,05).

De même, la surface colloïde moyenne est plus importante chez les femelles (2333,6±759,8 μm^2) que chez les mâles (2031,3±733,5 μm^2) (P<0,05).

Comme d'ailleurs pour la surface folliculaire moyenne, la surface colloïde moyenne est plus grande en été (2490,2±676,9 μm^2), qu'en hiver (1874,7±714,8 μm^2) (P<0,05).

Le calcul de l'index d'activation montre que l'activité de la glande thyroïde augmente chez les animaux de la 2ème classe d'Age (2,28±0,45) puis diminue chez les animaux de la 3ème classe d'Age (1,3±0,32), les animaux de la 1ère classe d'Age possèdent une activité intermédiaire (1,87±0,39) et ce quelque soit le sexe et la saison. L'index d'activation est plus important chez les mâles (1,94±0,6) que chez les femelles (1,69±0,48). Cette étude montre aussi que l'index d'activation est plus important en hiver (2,13±0,56) qu'en été (1,5±0,33) (P<0,05).

Concernant l'influence de l'Age sur la hauteur des thyréocytes, notre étude montre que les cellules les plus hautes sont observées chez les animaux de la 2ème classe d'Age (11,5±1 μm) et les cellules les moins hautes sont observées chez les animaux de la 3ème classe d'Age (8,5±0,7 μm), la hauteur des thyréocytes chez les animaux de la 1ère classe d'Age est de 10±1,1 μm (P<0,05).
Les cellules épithéliales sont plus hautes chez les mâles (10,5±1,6 μm) que chez les femelles (9,5±1,4 μm) (P<0,05). Les thyréocytes sont plus hauts en hiver (10,7± 1,5 μm) qu'en été (9,3±1,3 μm) et ce quelque soit le sexe et l'Age (P<0,05).

Tableau IX : Sources de variation de la surface folliculaire colloïde, épithéliale et la hauteur de l'épithélium folliculaire chez le dromadaire

Caractère	Nombre d'observations	R^2 (%)	Effets fixes	ddl	Probabilité
Surface folliculaire	120	87.93	Age	2	***
			Sexe	1	***
			Saison	1	***
Surface colloïde	120	88.33	Age	2	***
			Sexe	1	***
			Saison	1	***
Index d'activation	120	88	Age	2	***
			Sexe	1	***
			Saison	1	***
Hauteur de l'épithélium folliculaire	120	91.53	Age	2	***
			Sexe	1	***
			Saison	1	***

* : probabilité <0.05
** : probabilité <0. 01
*** : probabilité <0.001
ddl : degré de liberté

Tableau X : Influence de l'Age, du sexe et de la saison sur la surface folliculaire, la surface colloïde, l'index d'activation et la hauteur des thyréocytes

Facteurs		Nombre d'observations	S.F.M (μm^2)	S.C.M. (μm^2)	S.E.M (μm^2)	I.A	H.T
Age	Classe 1	40	5650,2[a] ±385,5	2010,8[a] ±367,9	3629,66[a]± 195,04	1.87[a] ±0,39	10[a]± 1,1
	Classe 2	40	4912,5[b] ±467	1521[b] ±307	3338,58[b]± 171,78	2.28[b] ±0,45	11,5[b] ± 1
	Classe 3	40	6873,7[c] ±669,6	3015,5[c] ±580,7	3754,92[c]± 184,59	1.3[c] ±0,32	8.5[c]± 0,7
Sexe	Mâle	60	5576,3[a] ±879,5	2031,3[a] ±733,5	3538,85[a]± 270,35	1.94[a] ±0,6	10,5[a] ± 1,6
	Femelle	60	6048[b] ±985,5	2333,6[b] ±759,8	3609,92[b]± 231,05	1.69[b] ±0.48	9,5[b]± 1,4
Saison	Hiver	60	5506.9[a] ±943.4	1874.7[a] ±714.8	3624.84[a]± 289.30	2.13[a] ±0.56	10.7[a] ± 1.5
	Eté	60	6117,3[b] ±881,8	2490,2[b] ±676,9	3523,93[b]± 200,41	1,5[b] ±0,33	9.3[b]± 1,3

S.F.M : surface folliculaire moyenne. **S.C.M.** ; surface colloïde moyenne.
S.E.M ; surface épithéliale moyenne. **I.A** : Index d'activation. **H.T** ; Hauteur des Thyréocytes

Pour un même facteur les valeurs des moyennes sur la même colonne avec au moins une même lettre ne diffèrent pas au seuil de 5%.

3-2- Dosage d'hormones

L'ensemble des facteurs inclus dans le modèle d'analyse de la variance ont eu un effet significatif (P<0,05). Les coefficients de détermination varient entre 28,39% et 79,09% (**Tableau XI**).

Tableau XI : Sources de variation de la thyroxine libre (FT4), la triiodothyronine libre (FT3) et la Thyréotropine, ou Thyroid Stimulating Hormone (TSH) chez le dromadaire

Caractère	Nombre d'observations	R^2 (%)	Effets fixes	ddl	Probabilité
			Sexe	1	***
			Saison	1	***
T4	120	79,09	Age	2	***
			Sexe	1	***
			Saison	1	***
T3	120	62,80	Age	2	***
			Sexe	1	***
			Saison	1	***
TSH	120	28,39	Age	2	***
			Sexe	1	*
			Saison	1	*

* : probabilité <0.05 ; ** : probabilité <0. 01 ; *** : probabilité <0.001 ; **ddl** : degré de liberté

Les valeurs moyennes de la thyroxine libre (FT4), la triiodothyronine libre (FT3) et la Thyréotropine (TSH) chez le dromadaire en fonction de l'Age, du sexe et de la saison sont rapportées dans le **Tableau XII**.

Tableau XII : Influence de l'Age, du sexe et de la saison sur la thyroxine libre (FT4), la triiodothyronine libre (FT3) et la Thyréotropine (TSH) chez le dromadaire

Facteurs		FT4 (Pmol/l)	FT3 (Pmol/l)	TSH (miU/l)
Age	Classe 1	$14,59^a \pm 0,30$	$4,35^a \pm 0,11$	$0,14^a \pm 0,01$
	Classe 2	$20,41^b \pm 0,30$	$5,70^b \pm 0,11$	$0,25^b \pm 0,01$
	Classe 3	$12,64^c \pm 0,30$	$3,80^c \pm 0,11$	$0,09^c \pm 0,01$
Sexe	Mâle	$16,86^a \pm 0,25$	$4,94^a \pm 0,09$	$0,18^a \pm 0,01$
	Femelle	$14,90^b \pm 0,25$	$4,29^b \pm 0,09$	$0,14^b \pm 0,01$
Saison	Hiver	$17,24^a \pm 0,25$	$5,05^a \pm 0,09$	$0,19^a \pm 0,01$
	Eté	$14,52^b \pm 0,25$	$4,19^b \pm 0,09$	$0,13^b \pm 0,01$

Pour un même facteur les valeurs des moyennes sur la même colonne avec au moins une même lettre ne diffèrent pas au seuil de 5.

L'étude en fonction de l'Age montre que les concentrations sériques des hormones thyroïdiennes et de la TSH chez le dromadaire sont plus importantes chez les animaux de la 2ème classe d'Age. Cependant, les concentrations des hormones thyroïdiennes et de la TSH les moins importantes sont observées chez les animaux de la 3ème classe d'Age (P<0,05).

Concernant l'influence du sexe, cette étude montre que les mâles possèdent les concentrations sériques des hormones thyroïdiennes et de TSH les plus importantes que celles des femelles (P<0,05).

Enfin, les concentrations sériques des hormones thyroïdiennes et de TSH sont plus importantes en hiver qu'en été (P<0,05).

4- Discussion de l'étude morphométrique et des hormones thyroïdiennes
4-1- Etude morphométrique

Nos résultats montrent que la surface folliculaire et la surface de la substance colloïde sont réduites chez le dromadaire pendant la période de puberté (3 à 5 ans), elles sont nettement augmentées chez les animaux de 15 ans d'Age ou plus. Les animaux de la première classe d'Age étant montrent des valeurs intermédiaires. Ces résultats montrent aussi que l'index d'activation et la hauteur de l'épithélium folliculaire varient dans le même sens. En effet, on note que les cellules les plus hautes et l'index d'activation le plus important sont observés chez les animaux de la 2ème classe d'Age et les cellules les moins hautes et l'index d'activation le plus faible sont observés chez les animaux de la 3ème classe d'Age. Ceci serait en faveur d'une activité thyroïdienne importante chez les animaux jeunes (< 3 ans) et qui augmente d'une façon plus importante pendant la puberté puis diminue chez les animaux de la troisième classe d'Age. Ces observations pourraient s'expliquer par le fait que le métabolisme de base est très élevé lors de la puberté.

Notre étude montre que la surface des follicules thyroïdiens et la surface de la substance colloïde sont plus importantes chez les femelles que chez les mâles. Ces résultats concordent avec ceux de DELVERDIER et al. (1991) et MALENDWICZ (1977), qui ont montré que la surface folliculaire est plus réduite chez le rat mâle. Ceci est en faveur d'une activité fonctionnelle, relativement importante chez le mâle.

Nos résultats montrent aussi une diminution de l'index d'activation, de la hauteur des cellules et une augmentation de la surface colloïde chez les animaux supérieur ou égale à 15 ans aussi bien chez les mâles que chez les femelles. Une constatation analogue a été faite par MALENDWICZ et MAJCHRZACK (1981), chez la rate. Par contre, DELVERDIER et al. (1991) ont montré que l'aspect morphologique des follicules thyroïdiens témoigne d'une activité fonctionnelle, relativement constante au cours du temps chez la rate, alors que chez le rat cette activité est plus importante mais subit cependant avec l'Age une diminution progressive. Il s'agit d'une variation d'ordre fonctionnel. Nous avons noté aussi que l'épithélium des follicules thyroïdiens des mâles est plus haut que celui des femelles. Il y a donc un dimorphisme sexuel très net de la glande thyroïde chez le dromadaire. Ces résultats rejoignent les conclusions d'auteurs qui ont montré que l'épithélium folliculaire chez le rat est significativement plus haut chez les mâles que chez les femelles (MALENDWICZ, 1977 ; DELVERDIER et al., 1991). D'après les études relatives aux variations morphologiques au cours du cycle sécrétoire des follicules thyroïdiens (GIROD, 1980), nos résultats montrent une plus grande activité physiologique des follicules thyroïdiens chez le dromadaire mâle que chez la femelle.

Ce résultat concorde avec les conclusions de BENGOUMI et al. (1999) qui ont montré que l'activité de la glande thyroïde est plus importante chez le dromadaire mâle.

Concernant l'influence de la saison, notre étude montre que la surface folliculaire et celle de la substance colloïde sont plus importantes en été, alors que la hauteur des thyréocytes est plus élevée en hiver. Ces résultats concordent avec ceux de ABDEL-MAGID et al. (2000) qui ont signalé que les follicules thyroïdiens sont larges et tapissés par un épithélial aplati en été alors qu'en hiver, ils sont étroits et tapissés par un épithélium cubique ou prismatique. Ces constatations seraient en faveur d'une activité thyroïdienne maximale en hiver et plus faible en été. Nos observations sont appuyées aussi par l'augmentation de l'index d'activation en hiver quelle que soit la classe d'Age ou le sexe.

4-2- Dosage d'hormones

L'ensemble des résultats met en évidence plusieurs facteurs de variations physiologiques des concentrations en hormones thyroïdiennes et de la TSH. Le premier facteur de variation à considérer est l'effet Age.

En effet notre étude a montré que l'activité thyroïdienne est très importante chez les animaux en période de puberté par apport aux animaux jeunes et les animaux âgés. L'Age semble être donc un facteur déterminant quant à la concentration des hormones thyroïdiennes. Ce qui ressort de notre étude est en accord avec la bibliographie. Ainsi, selon ELRAYAH et al. (2009) la concentration des hormones thyroïdiennes est plus importante chez les dromadaires âgés de moins de 5 ans par apport aux dromadaires âgés de plus de 10 ans. De même, BENOIT et al. (1989) ont montré que les concentrations plasmatiques en T4 libre chez les chiens âgés de 5 mois (35,4 Pmol/l ± 8,6) sont très significativement supérieures à celles des animaux âgés de plus de 10 ans (12,8 Pmol/l ± 6,9). Enfin, MICKAËL et al. (2008) ont montré que les vaches jeunes (primipares) ont des valeurs de T4 beaucoup plus fortes que les adultes (multipares).

Le rôle des hormones sexuelles, et en particulier de la testostérone a été prouvé par BENGOUMI et al. (1999) qui ont montré que la castration a un effet significatif sur la diminution de la concentration plasmatique des hormones thyroïdiennes chez le dromadaire. AL-QARAWI et al. (2000) ont montré que la concentration plasmatique de la testostérone est importante chez les dromadaires de 3 à 5 ans ($3,2\pm0,4$ ng/ml) par rapport aux dromadaires d'Age inférieur à 3 ans ($1,1\pm0,1$ ng/ml) et aux animaux d'Age supérieur ou égal à 15 ans ($2,6\pm0,3$ ng/ml).

Dans notre étude, comme dans celle de BENGOUMI et al. (1999), les mâles possèdent une activité thyroïdienne plus importante que celle des femelles. Par contre, ELRAYAH et al. (2009) et EL KHASMI et al. (1999) ont montré que le sexe de l'animal n'a aucun effet sur la variation de la concentration des hormones thyroïdiennes.

Nos résultats montrent que l'activité thyroïdienne, qui se traduit par une augmentation des concentrations sériques des hormones thyroïdiennes et de la TSH, est plus importante en hiver qu'en été. Ceci s'explique par le fait que la glande thyroïde participe à la thermorégulation corporelle (SAI, 1980). En effet, l'exposition au froid entraîne une hypersécrétion de TSH qui augmente la sécrétion des hormones thyroïdiennes. Au contraire, en ambiance estivale chaude, il y a un ralentissement du métabolisme général et de l'activité thyroïdienne (DJEGHAM et BELHADJ, 1985 ; BENGOUMI et FAYE, 2002). Cette diminution du métabolisme de base est corrélée à une diminution de la concentration des hormones thyroïdiennes circulantes (YAGIL et al., 1978 ; BENGOUMI, 1992).

Ces résultats rejoignent les conclusion de plusieurs auteurs (NAZIFI et GHEISARI, 2007 ; BENGOUMI et al., 2003 ; YAGIL et al., 1978) qui ont montré que la concentration plasmatique des hormones thyroïdiennes chez le dromadaire est plus importante en hiver. De même, MICKAEL et al., (2008) ont montré chez les vaches que les valeurs hivernales d'hormones thyroïdiennes sont plus élevées que les valeurs pendant les autres saisons.

Ces variations saisonnières des hormones thyroïdiennes et de la TSH sont en faveur d'une bonne adaptation du dromadaire au milieu.

En effet, dans les conditions arides, le dromadaire accumule de la chaleur et il y a augmentation de sa température corporelle. Pour pouvoir survivre, le dromadaire doit s'adapter par le biais de plusieurs mécanismes, notamment par la modification de l'activité de certaines glandes endocrines comme la glande thyroïde. En effet, le froid entraîne une hypersécrétion de TSH qui augmente la sécrétion des hormones thyroïdiennes ce qui augmente la production de chaleur, la consommation d'O_2 et le métabolisme basal. Au contraire, dans cette espèce, la chaleur ralentit l'activité thyroïdienne et le métabolisme général (DJEGHAM et BELHADJ, 1985 ; BENGOUMI et FAYE, 2002).

5- Etude de cas pathologiques : le goitre

Cette maladie est bien étudiée chez l'homme, cependant, en médecine vétérinaire, les travaux sur cette pathologie restent très limités en particulier chez le dromadaire. En effet, à part les études de DECKER et al. (1979), de TAGELDIN et al. (1985), et ABU DAMIR et al. (1990), aucun travail complet n'a été réalisé sur cette pathologie endocrinienne de la glande thyroïde. La découverte d'un nombre de cas relativement important dans le sud tunisien nous a incité à conduire ce travail qui s'est fixé comme objectif de réaliser une étude détaillée des modifications macroscopiques, histologiques et hormonales associées à cette pathologie chez le dromadaire (*Camelus dromedarius*).

5-1- Etude macroscopique

Les glandes thyroïdes sont augmentées de volume de façon homogène et diffuse, la couleur est rouge brun **(Photos 24 et 25)** et la consistance est augmentée par endroit. On note la présence de kystes de taille variable entre 3 mm et 2,8 cm de diamètre. A l'incision de ces kystes, s'écoule un liquide épais jaunâtre **(Photo 26)**.

La signification du modèle ainsi que le coefficient de détermination (R^2) de l'effet de l'état de l'animal sur les poids du lobe droit, du lobe gauche, de l'isthme et le poids total de la glande thyroïde chez le dromadaire sont rapportés dans le **tableau XIII**.

Tableau XIII : Sources de variation des poids des lobes thyroïdiens droits, gauches, de l'isthme et du poids total de la glande thyroïde de dromadaire en fonction de l'état de l'animal

Hormone	Nombre d'observations	R^2 (%)	Effets fixes	ddl	Probabilité
PLTD	100	92,15	Normale	1	***
			Goitre	1	***
PLTG	100	93,52	Normale	1	***
			Goitre	1	***
PISTH	100	65,19	Normale	1	***
			Goitre	1	***
PTT	100	94,56	Normale	1	***
			Goitre	1	***

*** : probabilité <0.001

ddl : degré de liberté ; **PLTD** : poids du lobe thyroïdien droit ; **PLTG** : poids du lobe thyroïdien gauche ; **PISTH** : poids de l'isthme ; **PTT** : poids total de la glande thyroïde.

L'état de l'animal (goitre ou normal) a un effet significatif (p <0,05) sur l'ensemble des variables mesurées. Les coefficients de détermination varient entre 65,19% et 94,56%.

Les résultats de mesure du poids des lobes thyroïdiens droits, gauches et du poids total de la glande thyroïde sont rapportés dans le **tableau XIV**.

Tableau XIV: Comparaison des poids des lobes thyroïdiens droit et gauche et poids total de la glande thyroïde de dromadaire en fonction de l'état de l'animal

	Etat de l'animal		E.T.M.*	P
	Goitre	Normal		
Poids du lobe droit (g)	38[a]	12,48[b]	0,8	0,0001
Poids du lobe gauche (g)	39,33[a]	12,84[b]	0,7	0,0001
Poids total (g)	77,70[a]	28,87[b]	7,5	0,0001

* Ecart type des moyennes

L'analyse de ce tableau montre qu'il y a une différence statistiquement significative entre le poids du lobe thyroïdien droit, le poids du lobe thyroïdien gauche et le poids total de la glande thyroïde en fonction de l'état de l'animal.

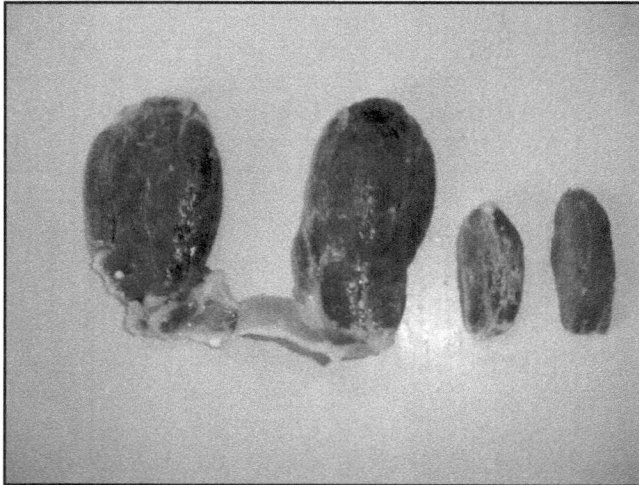

Photo 24 : Thyroïde normale (à droite) (26 g) et thyroïde d'un animal atteint de goitre (à gauche) (79,33 g)

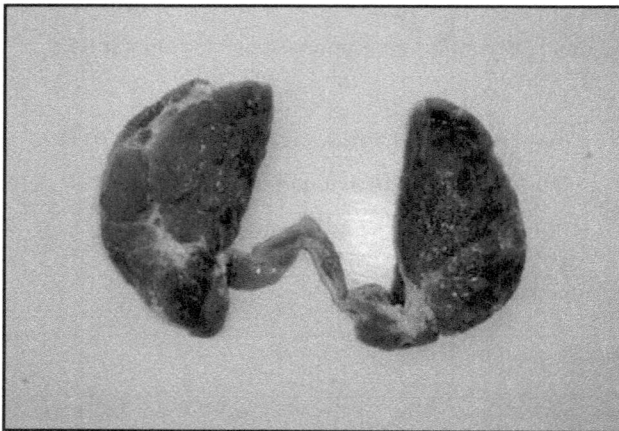

Photo 25 : Thyroïde d'un animal atteint de goitre de couleur rouge brun

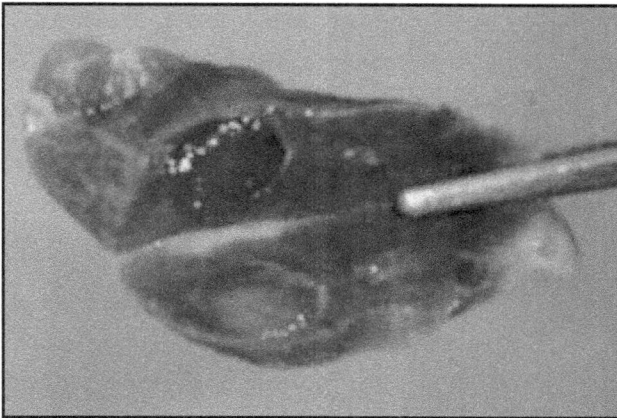

Photo 26 : Kystes de taille variable entre 3 mm et 2,8 cm de diamètre à l'incision il y a écoulement d'un liquide épais jaunâtre

5-2- Etude histologique
5-2-1- Hémalun-éosine
a- Follicules thyroïdiens

L'analyse histologique a révélé la présence de follicules thyroïdiens, arrondis ovalaires, tubulaires ou irrégulièrs, de taille variable. Certains follicules sont excessivement distendus et hyperplasiques **(Photo 27)**.

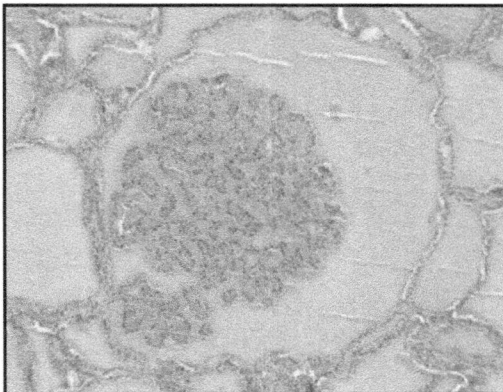

Photo 27 : Follicules excessivement distendus et hyperplasiques (HE x100)

Les follicules de grande taille sont remplis d'une substance colloïde copieuse homogène, colorée en rose, parfois calcifiée **(Photo 28).**

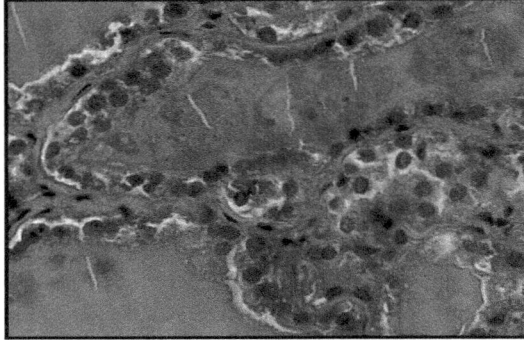

Photo 28 : Follicules de grande taille remplie d'une substance colloïde copieuse homogène et calcifiée (HE x 400)

L'épithélium des follicules de petite taille est cubique ou cylindrique, et aplati dans les follicules qui sont distendus par la substance colloïde. On note parfois, une prolifération épithéliale dans les follicules de grande taille, d'aspect papillaire. Parfois, l'importance de la cellularité et la grande taille des noyaux peuvent prêter à confusion avec une prolifération tumorale **(Photos 29 et 30).**

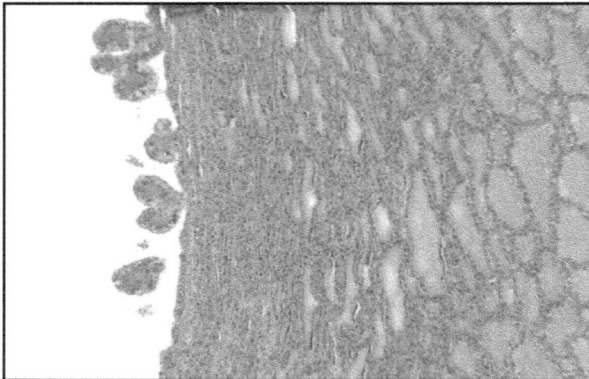

Photo 29 : Prolifération épithéliale sous forme de papilles (HE x 200)

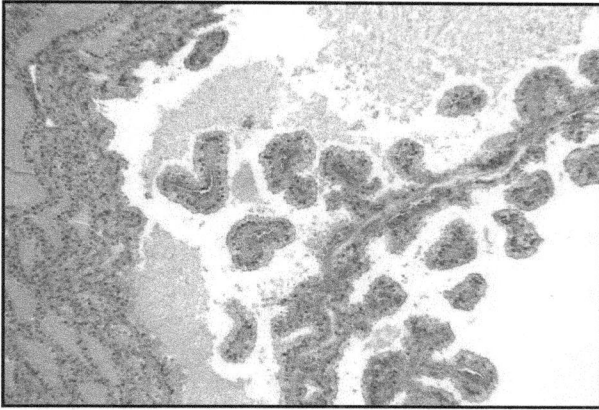

Photo 30 : Prolifération épithéliale sous forme de cordons ou de papilles, peut prêter à confusion avec une prolifération tumorale (HE x 400)

b- Interstitium

L'étude histologique montre que le stroma conjonctif est discret dans une glande normale alors qu'il est abondant dans les glandes thyroïdes hypertrophiées des animaux goitreux (**Photos 31 et 32**).

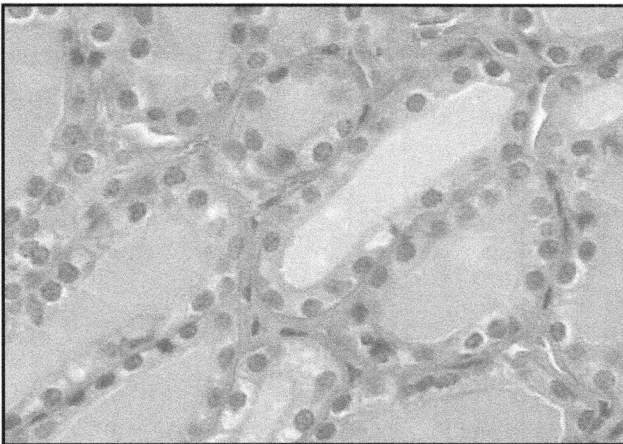

Photo 31 : Glande thyroïde normale avec un stroma conjonctif discret (HE x 200)

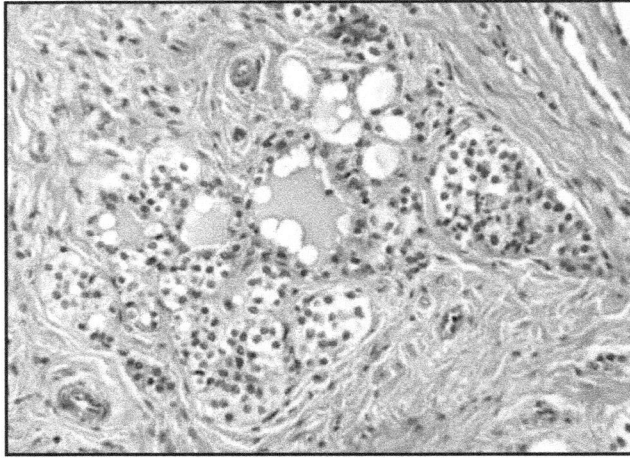

Photo 32 : Glande thyroïde fibrosée (HE x 200)

c- Estimation du pourcentage d'interstitium

L'analyse du tableau XV met en évidence l'augmentation significative du pourcentage d'interstitium.

Tableau XV : Estimation du pourcentage d'interstitium en fonction de l'état de l'animal

	Etat de l'animal		E.T.M.*	*P*
	Goitre (25)	Normal (30)		
% Interstitium	33,8[a]	28,1[b]	0,73	0.0001

* Ecart type des moyennes

5-3- Méthode immunohistochimique

L'étude immunohistochimique montre les cellules marquées par des anticorps anti- thyroglobuline et la présence anormale de substance colloïde entre les follicules thyroïdiens. La positivité se manifeste par un dépôt intracytoplasmique et interfolliculaire (**Photo 33**).

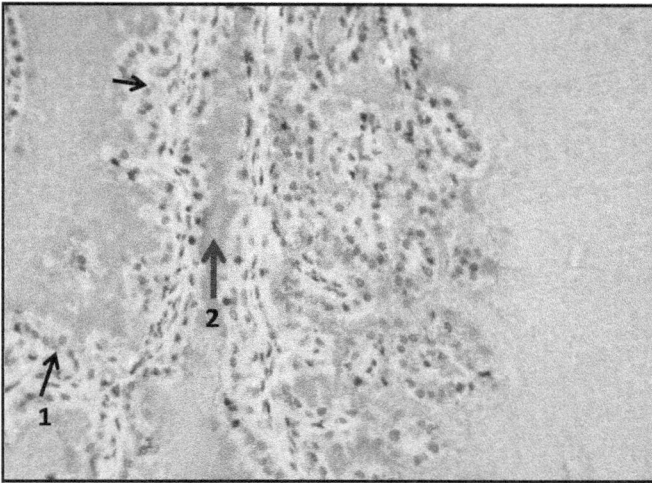

**Photo 33 : Marquage des cellules par des anticorps anti- thyroglobuline ;
présence de substance colloïde entre les follicules thyroïdiens (Coloration
immunohistochimique x 400)**

1 : Cellules marquées par des anticorps anti- thyroglobuline ; 2 : présence anormale de substance
colloïde entre les follicules thyroïdiens.

5-4- Dosage d'hormones

Les résultats du dosage sérique de FT4, FT3 et de la TSH chez les animaux
normaux (75) et goitreux (25) montrent une différence statistiquement significative.
En effet, pour un total de 100 animaux, l'ensemble des facteurs inclus dans le modèle
d'analyse de la variance ont eu un effet significatif ($P<0,05$). Les coefficients de
détermination varient entre 60,07% et 24,88% (**Tableau XVI**).

Les valeurs moyennes de la thyroxine libre (FT4), la triiodothyronine libre
(FT3) et la Thyréotropine, ou *Thyroid Stimulating Hormone* (TSH) chez le
dromadaire en fonction de l'état de la glande thyroïde sont rapportées dans le
Tableau XVII.

Tableau XVI : Sources de variation de la thyroxine libre (FT4), la triiodothyronine libre (FT3) et la Thyréotropine, ou Thyroid Stimulating Hormone (TSH) chez le dromadaire en fonction de l'état de la glande thyroïde

Hormone	Nombre d'observations	R^2 (%)	Effets fixes	ddl	Probabilité
T4	100	51,85	Normale	1	***
			Goitre	1	***
T3	100	60,07	Normale	1	***
			Goitre	1	***
TSH	100	24,88	Normale	1	***
			Goitre	1	***

*** : probabilité <0.001

ddl : degré de liberté

Tableau XVII : Influence de l'état de la glande thyroïde sur la thyroxine libre (FT4), la triiodothyronine libre (FT3) et la Thyréotropine, ou Thyroïde Stimulating Hormone (TSH) chez le dromadaire en fonction de l'état de la glande thyroïde

Etat de la glande thyroïde	FT4 (Pmol/l)	FT3 (Pmol/l)	TSH (miU/l)
Normale	14,30 a± 0,50	4,12a ± 0,16	0,137a ± 0,008
Goitre	7,80 b± 0,25	1,64b ± 0,08	0,016b ± 0,016

Pour un même facteur, les valeurs des moyennes sur la même colonne avec au moins une même lettre ne diffèrent pas au seuil de 5%.

Les concentrations sériques moyennes des hormones thyroïdiennes et de la TSH sont plus importantes chez les dromadaires normaux que chez les dromadaires goitreux avec, respectivement, des valeurs de 14,30 ± 0,50 (Pmol/l) contre 7,80 ± 0,25 (Pmol/l) pour la thyroxine libre (FT4), 4,12± 0,16 (Pmol/l) contre 1,64 ± 0,08 (Pmol/l) pour la triiodothyronine libre (FT3), et 0,137 ± 0,008 contre 0,016b ± 0,016 pour la TSH.

5-5- Discussion

Pour éviter les variations structurales et fonctionnelles en fonction de l'Age, du sexe et de la saison, nous avons choisi de travailler sur des animaux appartenant à la même tranche d'Age, mâles et femelles non gestantes. Les prélèvements sont réalisés pendant une même période (Hiver 2009). Nous avons veillé à ce que les pesées s'effectuent dans les mêmes conditions de manière à assurer l'homogénéité des résultats et par la suite faciliter leur étude statistique.

Sur le plan macroscopique, notre étude a montré une augmentation significative de poids des glandes thyroïdes chez les animaux goitreux par rapport aux animaux normaux. L'augmentation de poids intéresse aussi bien les lobes thyroïdiens que les isthmes. En effet, chez les animaux goitreux, le poids du lobe thyroïdien droit est de 38,99 g ± 2,44, le poids du lobe thyroïdien gauche est de 33,76 ± 271, le poids de l'isthme est de 3,76 ± 0,63 et le poids total de la glande thyroïde est de 81,37 g ± 9,21. Nos résultats concordent avec ceux de DECKER et al. (1979), de TAGELDIN et al. (1985) et ABU DAMIR et al. (1990).

L'étude histologique a révélé que la plupart des follicules thyroïdiens sont distendus alors que quelques follicules restent petits et hyperplasiques ; dans ce cas, l'importance de la cellularité et la grande taille des cellules peuvent prêter à confusion avec une prolifération tumorale d'autant plus qu'il existe des points communs dans l'étiologie du goitre et celle des tumeurs de la glande thyroïde (VERBURG et REINERS, 2010). En effet, à un stade plus avancé, commence un processus d'involution et les follicules hyperplasiques recommencent à accumuler la substance colloïde qui produit macroscopiquement un aspect luisant sur les tranches de section. L'épithélium s'aplatit progressivement et devient cubique, proche de l'épithélium d'une glande normale puis aplati. Ces modifications histopathologiques des follicules thyroïdiens sont celles d'un goitre colloïde, qui doit être différencié des deux autres types de goitre, à savoir le goitre hyperplasique et le goitre multi-nodulaire. En effet, dans le goitre hyperplasique, la thyroïde est augmentée de volume, de façon homogène et diffuse, et souvent hyper-vascularisée. Les follicules sont de petite taille, collabés et contiennent une substance colloïde très peu abondante. Les cellules épithéliales sont de haute taille et disposées en colonnes. Le goitre multi-nodulaire, représente un stade avancé de l'évolution d'un goitre colloïde ou hyperplasique. Sa principale caractéristique est l'apparition de néo-follicules entrainant l'apparition de nodules hétérogènes. Cette hétérogénéité existe à tous les niveaux : aspect macroscopique, clonalité, croissance, fonction. Elle est renforcée par l'altération du réseau vasculaire conduisant à des hémorragies focales, des dépôts d'hémosidérine, des phénomènes d'inflammation, de nécrose (DURON et DUBOSCLARD, 2000).

L'estimation du pourcentage d'interstitium s'est avérée délicate pour différentes raisons, en particulier :

- la difficulté à trouver des champs où tous les follicules sont lisibles et bien délimités et

- la difficulté à suivre le contour à l'écran de façon précise et toujours identique.

Cette estimation du pourcentage d'interstitium montre que les glandes thyroïdes des dromadaires goitreux ont un pourcentage d'interstitium plus important (33,8%) que chez les animaux normaux (28,1%). L'augmentation du volume de la glande thyroïde, est donc liée d'une part à la distension et l'hyperplasie des follicules thyroïdiens et d'autre part à la fibrose (augmentation du pourcentage d'interstitium), conduisant à la formation d'un goitre. Selon STUDER et DERWAHL (1995), l'augmentation du volume de la glande thyroïde peut provenir de la stimulation de sa croissance, diffuse ou localisée, par des facteurs de croissance intrinsèques ou extrinsèques à la glande et/ou des mutations d'oncogènes. Ces deux types de stimulation (mitogenèse et mutagenèse) peuvent être associés.

La présence de substance colloïde entre les follicules thyroïdiens révélée par l'étude immunohistochimique s'explique par le fait que l'accumulation de substance colloïde dans les follicules thyroïdiens lors du goitre colloïde finit par entraîner une atrophie et une rupture de la paroi vésiculaire et donc une extravasation de substance colloïde entre les follicules thyroïdiens. Cette distension des vésicules thyroïdiennes par l'accumulation de la substance colloïde et l'aplatissement de l'épithélium glandulaire expliquent la diminution de la concentration sérique des hormones thyroïdiennes.

Selon CAPEN (2007), le goitre colloïde est le type le plus fréquent chez les animaux adultes dans les zones déficitaires en iode. Si la carence en iode conduit à terme à un goitre, cette pathologie n'est pas systématiquement due à une carence de la ration en iode. Depuis bien longtemps on sait qu'il existe des substances goitrogènes, capables de provoquer un hypofonctionnement thyroïdien, comme certains végétaux entrant dans le rationnement des animaux. Nous pouvons citer ici le colza et ses tourteaux, le chou, le navet, le trèfle blanc et les graines de soja, de coton, de lin ou d'arachide, cependant ce type d'aliments n'est pas utilisé habituellement chez le dromadaire dans le sud tunisien. Les nitrates ingérés sur les pâtures après fertilisation ont aussi des pouvoirs goitrogènes. L'effet de ces substances est d'augmenter le stress oxydatif au niveau de la thyroïde, c'est pourquoi un apport satisfaisant en d'autres oligoéléments est important pour éviter le goitre. Ainsi, une carence en sélénium, élément intervenant à plusieurs phases du métabolisme thyroïdien, du fait de son rôle dans la prévention du stress oxydatif, accroît le risque du goitre. D'autres facteurs entravant le fonctionnement normal de la glande thyroïde et conduisant au goitre comme les crucifères du genre *Brasscae* inhibent la thyroperoxydase. De même, la malnutrition entraîne une carence en vitamine A, qui altère la structure de la thyroglobuline (DURON et DUBOSCLARD, 2000 ; MICKAEL et al., 2008).

D'autres carences peuvent accentuer le phénomène comme celle en zinc et en fer, avec des effets encore à préciser (DURON et DUBOSCLARD, 2000).

Paradoxalement, un fort excès d'iode, qui inhibe la sécrétion des hormones thyroïdiennes, a été rendu responsable de goitres dans certaines régions du Japon (DURON et DUBOSCLARD, 2000).

L'étiologie suspectée dans notre série semble être un excès en fluor, qui existe d'une façon très importante dans l'eau et le sol dans le Sud Tunisien et pose de sérieux problème chez les ovins, les caprins et les humains vivants dans ces régions. Selon BOUASSIDA (1986), Il y a une différence statistiquement significative entre la fluorémie moyenne des dromadaires vivant au Sud Tunisien qui est de l'ordre de 0,02 ppm et la fluorémie moyenne des dromadaires vivant au centre (Kairouan) qui est de l'ordre de 0,01 ppm. Le fluor peut intervenir dans la pathogénie du goitre par le fait qu'il inhibe la captation de l'iode (DURON et DUBOSCLARD, 2000).

La TSH, par l'intermédiaire de son récepteur situé sur le pôle basolatéral des thyréocytes (R-TSH) stimule la prolifération des cellules et, de manière plus puissante, leur différenciation dont dépend leur fonction (DUMONT et al., 1992 ; DUMONT et VASSART, 1995). Cependant, la TSH ne possède, en culture, qu'un effet stimulant très faible sur la croissance comparativement à son effet sur la fonction, chez l'animal comme chez l'homme (TUNBRIDGE et al., 1977). Il est donc vraisemblable qu'*in vivo*, l'action de TSH s'exerce par l'intermédiaire d'autres facteurs, notamment l'*insulin-like growth factor* 1 (IGF-1) et son effet sur la croissance ne peut concerner que les thyréocytes et non les cellules endothéliales et les fibroblastes qui ne possèdent pas de R-TSH. En effet, la croissance de ces derniers types cellulaires est sous la dépendance d'autres facteurs (DUMONT et al., 1992). Selon DURON et DUBOSCLARD (2000), dans un même goitre, il existe une activité cellulaire hétérogène (enzymatiques, transport et organification de l'iode) contrôlée par la TSH, ce qui évoque peu une stimulation purement systémique. Enfin, dans la grande majorité des goitres, le taux de TSH est normal, voire compris dans les valeurs basses de la normale comme dans notre série. Cette diminution de la TSH explique la diminution de la concentration sérique des hormones thyroïdiennes chez les animaux goitreux par apport aux animaux normaux. En effet, la thyroxine libre (FT4) est de 14,30 ± 0,50 (Pmol/l) chez les animaux normaux et de 7,80 ± 0,25 (Pmol/l) chez les animaux goitreux, la triiodothyronine libre (FT3) est de 4,12 ± 0,16 (Pmol/l) chez les animaux normaux et de 1,64 ± 0,08 (Pmol/l) chez les animaux goitreux. Des résultats similaires sont rapportés chez le dromadaire dans la région du Darfour (Soudan) où cette espèce s'est révélée plus sensible que les autres espèces à la carence en iode (TAGELDIN et al., 1985 ; ABU DAMIR et al., 1990). Les mêmes observations on été rapportées par BENJAMIN (1978) chez d'autres espèces animales. Cette diminution des hormones thyroïdiennes explique l'infertilité chez les 21 femelles qui est le motif de réforme. En effet, selon SAI (1980), la thyroïdectomie entraîne chez les jeunes un arrêt du développement gonadique et chez la femelle adulte, le cycle œstral est altéré : anœstrus prolongé, chaleurs discrètes ou absentes, défaut d'attirance du mâle et infertilité. Ces troubles sont vraisemblablement indirects et ils sont liés à des perturbations dans la sécrétion des gonadotrophines hypophysaires et dans la sensibilité des récepteurs vis-à-vis des hormones sexuelles (SAI, 1980). De même, selon POPPE et VELKENIERS (2004) l'hypothyroïdie est une source d'infertilité par troubles de l'ovulation. De plus, au cours de la gestation, on considérait qu'il n'y avait pas de passage transplacentaire des hormones thyroïdiennes et que le fœtus assurait lui-même ses besoins en hormones thyroïdiennes à partir du 2e mois. En réalité, les besoins en hormones thyroïdiennes s'expriment dès le début de la gestation. Elles interviennent dans l'ontogenèse cérébrale et l'impact sur le fœtus et le nouveau-né des carences en hormones thyroïdiennes maternelles peut être grave MORREALE et al. (2004). Ceci justifie le dépistage précoce de l'hypothyroïdie.

Selon SAI (1980), la thyroïdectomie ralentit l'hématopoïèse suite à une baisse de sécrétion d'érythropoïétine et explique ainsi l'anémie discrète observée dans notre série. Selon BERLEMONT (1998), les hormones thyroïdiennes augmentent les besoins périphériques en oxygène. Ces besoins diminuent à la faveur d'une hypothyroïdie, ce qui entraine une diminution de la sécrétion d'érythropoïétine (EPO). Ainsi, l'hématopoïèse sera aussi perturbée pouvant mener à une anémie normocytaire normochrome arégénérative.

Enfin, notre travail a montré que les signes cliniques sont rares chez les dromadaires goitreux. Les mêmes constatations ont été faites par STUDER et DERWAHL (1995), qui ont montré que la plupart des patients porteurs de goitre, même important, n'ont aucun trouble clinique les amenant à consulter et, généralement, c'est à l'occasion d'un bilan de santé systématique, d'un examen motivé pour une autre raison, d'une radiographie de thorax que l'hypertrophie thyroïdienne est découverte. Parfois une gêne fonctionnelle due à la nécrose hémorragique d'un nodule, par exemple, ou beaucoup plus rarement à une compression, attire l'attention vers la thyroïde.

CONCLUSION

Notre étude anatomique et histologique, réalisée sur 606 glandes thyroïdes de dromadaire, a relevé de nombreuses similitudes avec les autres mammifères domestiques, en particulier les ruminants, mais aussi des particularités spécifiques à cette espèce. La couleur et la forme de la glande thyroïde du dromadaire sont variables. Les lobes droit et gauche sont réunis caudalement par un isthme constant, sauf si l'un des lobes thyroïdiens est absent (16 cas).

En fonction du sexe, le poids de la glande thyroïde du dromadaire est plus important chez les mâles que chez les femelles ($26,32 \pm 0,28$ et $24,92 \pm 0,37$ g respectivement). Le poids de l'isthme est, quant à lui, similaire dans les deux sexes avec des moyennes de $2,19$ g $\pm 0,04$ et $2,07$ g $\pm 0,06$ g respectivement chez le mâle et la femelle.

En tenant compte de l'Age, le poids de la glande thyroïde est plus important chez les animaux de la 2ème classe d'Age ($30,05$ g $\pm 0,38$g) que chez les animaux de la 3ème classe ($27,53$ g $\pm 0,58$ g) et que chez ceux de la 1ère classe d'Age ($19,25$ g $\pm 0,31$g).

Les lobes thyroïdiens du dromadaire se distinguent par une dissymétrie topographique, certes légère mais constante. Ils se placent contre les six ou les sept premiers anneaux de la trachée.

Les lobes thyroïdiens accessoires droits sont présents chez onze animaux, les lobes gauches le sont chez quarante huit animaux. Huit animaux possèdent des lobes accessoires droits et gauches. Chez deux animaux on note la présence d'un lobe accessoire, intercalé entre les deux principaux. Le poids moyen du lobe thyroïdien accessoire droit est de $2,11 \pm 0,87$ g et le poids du lobe thyroïde accessoire gauche est de $2,42 \pm 1,28$ g.

La structure de la glande thyroïde a été précisée d'une façon systématique, nous avons ainsi démontré une grande similitude avec celle décrite chez les autres mammifères domestiques. Nous avons remarqué cependant une épaisseur importante de la capsule et une irrégularité de la forme des follicules thyroïdiens qui s'accentue progressivement avec l'Age.

Contrairement à la plupart des autres mammifères domestiques, la glande thyroïde du dromadaire est irriguée par trois artères thyroïdiennes toutes issues de l'artère carotide commune.

Pour les variations histomorphométrique de la glande thyroïde et des hormones thyroïdiennes, nos résultats montrent que l'activité de la glande thyroïde du dromadaire (*Camelus dromedarius*) est variable en fonction de l'Age, du sexe et de la saison.

En fonction de l'Age, l'activité thyroïdienne est importante chez les animaux de la 2ème classe d'Age (3 à 5 ans) par rapport aux animaux de la 1ère (< à 3 ans) et la 3ème classe d'Age (> à 5 ans). En effet, la surface folliculaire moyenne la moins importante, la concentration hormonale la plus importante (T4 libre, T3 libre et TSH) sont observées chez les animaux de la 2ème classe d'Age (4912,5 ± 467 μm^2, T4 libre : 20,41 ± 0,30 Pmol/l, T3 libre : 5,70±0,11 et TSH : 0,25±0,01 miU/l) et la surface folliculaire moyenne la plus importante, la concentration hormonale la moins importante sont observées chez les animaux de la 3ème classe d'Age (6873,7 ± 669,6 μm^2, T4 libre : 12,64 ± 0,30 Pmol/l, T3 libre : 3,80 ± 0,11 et TSH 0,09 ± 0,01 miU/l) en passant par les animaux de la 1ère classe d'Age qui possèdent une surface folliculaire moyenne de 5650,2±385,5 μm^2, T4 libre : 14,59± 0,30 Pmol/l, T3 libre : 4,35± 0,11 et TSH 0,14±0,01 miU/l (P<0,05). A l'inverse, les cellules épithéliales les plus hautes sont observées chez les animaux de la 2ème classe d'Age (11,5±1 μm) et les cellules les moins hautes sont observées chez les de la 3ème classe d'Age (8,5± 0,7 μm), la hauteur des thyréocytes chez les animaux de la 1ère classe d'Age est de 10 ± 1,1 μm (P<0,05).

La surface folliculaire moyenne est plus importante chez les femelles que chez les mâles, elles est respectivement de 6048 ± 985,5 μm^2 et 5576,3 ± 879,5 μm (P<0,05). Les cellules épithéliales sont plus hautes chez les mâles (10,5 ± 1,6 μm) que chez les femelles (9,5 ± 1,4 μm) et la concentration hormonale varie dans le même sens, en effet, elle est plus importante chez le mâle (T4 libre : 16,86 ± 0,25 Pmol/l, T3 libre : 4,94±0,09 et TSH : 0,18 ± 0,01 miU/l) que chez les femelles (T4 libre : 14,90±0,25 Pmol/l, T3 libre : 4,29 ± 0,09 et TSH 0,14±0.011 miU/l) (P<0,05).

Enfin, la surface folliculaire moyenne est plus importante en été (6117,3±881,8 μm^2) qu'en hiver (5506,9±943,4 μm^2) (P<0,05), à l'inverse la concentration hormonale est plus importante en hiver (T4 libre : 17,24±0,25 Pmol/l, T3 libre : 5,05±0,09 et TSH 0,19±0,01 miU/l) qu'en été (T4 libre : 14,52±0,25 Pmol/l, T3 libre : 4,19±0,09 et TSH 0,13±0,01 miU/l) (P<0,05). Les thyréocytes sont plus hauts en hiver (10,7± 1,5 μm) qu'en été (9,3±1,3 μm) quels que soient le sexe et l'Age (P<0,05). Ceci en faveur d'une activité thyroïdienne plus élevée en hiver qu'en été chez cette espèce.

Ces variations anatomiques, morphométriques, des hormones thyroïdiennes iodées et de la TSH sont d'ordre fonctionnel et permettent d'une part une adaptation au stade physiologique (croissance, puberté …) et d'autre part une bonne adaptation physiologique aux difficiles conditions des zones désertiques. En fin, il faut signaler que le goitre a des effets indirects sur la reproduction de l'animal.

Le goitre colloïde semble courant chez le dromadaire dans le sud tunisien. Sa physiopathologie est complexe et sa constitution est favorisée par des facteurs goitrogènes, représentés essentiellement, mais non exclusivement, par la carence en iode. L'étiologie suspectée dans le Sud Tunisien semble être un excès en fluor.

Des études complémentaires sont nécessaires pour préciser l'étiologie exacte de cette pathologie et la liaison entre les modifications morphologiques, la sécrétion d'hormones thyroïdiennes et celle des hormones sexuelles (androgènes et œstrogènes).

REFERENCES BIBLIOGRAPHIQUES

1- ABDEL-MAGIED A., TAHA A.A.M., ABDALLA A.B. 2000. Light and electron microscopic study of the thyroïd gland of the camel (*Camelus dromedarius*). *Anat. Histol. Embroyl.*, **29**, 331-336.

2- ABU DAMIR H., BARRI M.E., TAGELDIN M.H., IDRIS O.F. 1990. Observations on colloid goiter of dromedary camels in the Sudan. *Br. Vet. J.*, **146**, 219-226.

3- AGBA K.C., GOURO S.A., SALEY M. 1996. Les nœuds lymphatiques du dromadaire (*Camelus dromedarius*). *Rev. Méd. Vét.*, **147**, 8-9, 589-598.

4- AL BAGHDADI F.A.K. 1964. The thyroïd gland of camel. *Nord Vet. Med.*, **16**, 1002-1004.

5- AL-QARAWI A.A., ABDEL-RAHMAN H.A., EL-BELELY M.S., EL-MOUGY S.A. 2000. Age-related changes in plasma testosterone concentrations and genital organs content of bulk and elements in the male dromedary camel. *Animal Reproduction Science*, **62**, 297-307.

6- ASLOUJ C. 1997. Contribution à l'étude anatomique et histologique des glandes thyroïde et parathyroïde du dromadaire *(Camelus dromedarius)*. Thèse Doc. Méd. Vét., n° 15, Sidi Thabet, 85 p.

7- ASMIS L.M., KAEMPF J., VON GRUENIGEN C., KIMURA E.T., WAGNER H.E., STUDER H. 1996. Acquired and naturally occurring resistance of thyroid follicular cells to the growth inhibitory action of transforming growth factor-beta 1 (TGF-beta 1). *J. Endocrinol.*, **149**, 485-496.

8- ATOJI Y., YAMAMOTO Y., SUZUKI Y., SAYED R. 1999. Ultrastructure of the thyroid gland of the one-humped camel (*Camelus dromedaries*). *Anat. Histol. Embryol.*, **28**: 23-26.

9- BAISHYA G., AHMED S., BHATTACHARYA M. 1985. Anatomical observation on male-gonad and thyroid gland in assam goat. *Indian Vet. J.*, **62**, 396-400.

10- BALDWIN R.L., FRIESS H., YOKOYAMA M., LOPEZ M.E., KOBRIN M.S., BUCHLER M.W. 1996. Attenuated ALK5 receptor expression in human pancreatic cancer: correlation with resistance to growth inhibition. *Int. J. Cancer*, **67**, 283-288.

11- BARONE R. 1978. Anatomie comparée des animaux domestiques. Tome I, Fascicule 3, Imp. Beaux arts, Lyon, 618 p.

12- BARONE R. et SIMOENS P. 2010. Anatomie comparée des mammifères domestiques : Tome 7, Neurologie II, Système nerveux périphérique, glandes endocrines, esthésiologie. Editions Vigot, 838 p.

13- BATES J.M., SPATE V.L., MORRIS J.S., ST GERMAIN D.L., GALTON V.A. 2000. Effects of Selenium deficiency on tissue Selenium content, deiodinase activity, and thyroid hormone economy in the Rat during development. *Endocrinol.*, **141**, 2490-2500.

14- BECKS G.P., LOGAN A., PHILLIPS I.D., WANG J.F., SMITH C., DESOUSA D. 1994. Increase of basic fibroblast growth factor (FGF) and FGF receptor messenger RNA during rat thyroid hyperplasia: temporal changes and cellular distribution. *J. Endocrinol.*, **142**, 325-338.

15- BEERE H.M., COWIN A.J., SODEN J., BIDEY S.P. 1995. Iodide-dependent regulation of thyroid follicular cell proliferation: a mediating role of autocrine insulin-like growth factor-I. *Growth Regul.*, **5**, 203-209.

16- BENGOUMI M.1992. Biochimie clinique du dromadaire et mécanismes de son adaptation à la déshydratation. Thèse de Doctorat des Sciences, IAV Hassan II Rabat (Maroc), 120 p.

17- BENGOUMI, M., MOUTAOUAKIL F., DE LA FARGE F., FAYE B. 1999. Thyroidal status of the dromedary camel (*Camelus dromedarius*): Effect of some physiological factors. *J. Camel Pract. Res.*, **6**: 1, 41-43.

18- BENGOUMI M., FAYE B. 2002. Adaptation du dromadaire à la déshydratation. *Sécheresse*, **13** : 2, 121-9.

19- BENGOUMI M., MOUTAOUAKIL F., DE LA FARGE F., FAYE B. 2003. Seasonal variations of the plasma thyroid hormone concentrations and the body temperature in the dromedary camel. *J. Camel Pract. Res.*, **10**: 2, 115-119.

20- BENJAMIN M.M. 1978. Outline of veterinary clinical pathology, 3ed Ed, Iowa State University Press. 351 p.

21- BENOIT E., LECHENET J., GARNIER F. 1989. Dosage de T4 libre chez le chien. Praticabilité, valeurs usuelles et intérêt diagnostique. *Pratique médicale et chirurgicale de l'Anim.* **24** : 2, 165-170.

22- BERLEMONT O. 1998. Le dosage de la TSH chez le chien. Thèse Doc. Méd. Vét., Alfort, 85, 70 p.

23- BIDEY S.P., HILL D.J., EGGO M.C. 1999. Growth factors and goitrogenesis. *J. Endocrinol.*, **160**, 321-332.

24- BONE H. 1982. Le corps thyroïde ; Aspects morphologiques, comparatifs et embryologiques. *Sem. Ann. Fac. Med., Paris*, 53.

25- BOTTCHER Y., ESZLINGER M., TONJES A., PASCHKE R. 2005. The genetics of euthyroid familial goiter. *Trends Endocrinol. Metab.*, **16**, 314-319.

26- BOUASSIDA A. 1986. Krafft ou fluorose. Thèse Doc. Méd. Vét., n° 273, Sidi Thabet, 80 p.

27- BRAUER V.F., BELOW H., KRAMER A., FUHRER D., PASCHKE R. 2006. The role of thiocyanate in the etiology of goiter in an industrial metropolitan area. *Eur. J. Endocrinol.*, **154**, 229-235.

28- BRAUN J.P. 2002. Biochimie des hormones. Polycopié d'enseignement de biochimie. Ecole nationale vétérinaire de Toulouse. Ecole Nationale Vétérinaire de Toulouse, 92 p.

29- BRAY G.A. 1968. Increased sensitivity of the thyroid in iodine-depleted rats to the goitrogenic effects of thyrotropin. *J. Clin. Invest.*, **47**, 1640-1647.

30- BRET L.C. 1990. Dosages immunologiques des fractions libres des hormones thyroïdiennes chez le chien : établissement de valeurs usuelles. Thèse Doc. Méd. Vét., Toulouse, 90-TOU3-4042, 64 p.

31- BRET L.C. 2005. Les ligands. Polycopié d'enseignement de biochimie. Ecole nationale vétérinaire de Toulouse, 115 p.

32- CAPEN C.C. 2007. Endocrine glands. *In*: M.G. MAXIE (éd): Jubb, Kennedy and Palmer's Pathology of Domestic Animals, fifth edition, Saunders, Philadelphia, 3, 325-428.

33- COCKS H.C., THOMPSON S., TURNER F.E., LOGAN A., FRANKLYN J.A., WATKINSON J.C. 2003. Role and regulation of the fibroblast growth factor axis in human thyroid follicular cells. *Am. J. Physiol. Endocrinol. Metab.*, **285**, E460-E469.

34- CURASSON G. 1947. Le chameau et ses maladies. Paris, Vigot Fr., 462 p.

35- DAN ROSENBERG. 2004. Quand suspecter une hypothyroïdie ? Conférence franco-suisse, Genève.

36- DAVIS P.J., DAVIS F.B. 1996. Nongenomic actions of thyroid hormone. *Thyroid*, **6**, 497-504.

37- DE VITO W.J., CHANOINE J.P., ALEX S., FANG S.L., STONE S., HUBER C.A. 1992. Effect of *in vivo* administration of recombinant acidic fibroblast growth factor on thyroid function in the rat: induction of colloid goiter. *Endocrinology*, **131**, 729-735.

38- DECKER R.A., HRUSKA J.C., MCDERMID A.M. 1979. Colloid goiter in a newborn dromedary camel and an aborted fetus. *J. Am. Vet. Med. Assoc.*, 175, 968-969.

39- DEGROOT L.J. 1989. Thyroid hormone secretion. *In*: DEGROOT L.J., *Endocrinol*, second edition, W.B., 120 p.

40- DELLMANN H.D. 1993. Endocrine system. *In* DELLMANN H-D., *Textbook of veterinary histology*. 4th edition, Lea and Febiger, 351 p.

41- DELVERDIER M., CABANIE P., ENJALBERT P., PLAISANCIE P., VAN HAVERBEKE G. 1991. Étude Histomorphométrique des variations morphologiques du follicule thyroïdien chez le rat en fonction de l'Age et du sexe. *Anat. Histol. Embryol.*, **20** : 48-53.

42- DENEF J.F., CORDIER A. C., MESQUITA M., HAUMONT S. 1979. The influence of fixation procedure, embedding medium and section thickness on morphometric data in thyroid gland. *Histochem.*, **63**: 163-171.

43- DERWAHL M., STUDER H. 2000. Multinodular goitre: 'much more to it than simply iodine deficiency'. *Baillieres Best Pract. Res. Clin. Endocrinol*, **14**(4), 577-600.

44- DJEGHAM M., BELHADJ O. 1985. Comportement de thermorégulation et résistance à la privation d'eau chez le dromadaire : variations saisonnières des profils biochimiques et hématologiques chez le dromadaire. *Maghreb Vét.*, **2** (7), 9-12.

45- DJELLOULI M.S., 1991. Productivité et socio-économie des élevages camelin en Tunisie Thèse Doc. Méd. Vét., n° 18, Sidi Thabet, 85 p.

46- DUMONT J.E., MAHENHAUT C., LAMY F. 1992. Control of cell proliferation and goitrogenesis. *Trends Endocrinol. Metab.*, **1**, 174-178.

47- DUMONT J.E., VASSART G. 1995. Thyroid regulation. *In*: DE GROOT L.J. ed. Endocrinology. Philadelphia WB Saunders, 543-559.

48- DUPREZ L., PARMA J., VAN SANDE J., ALLGEIER A., LECLERE J., SCHVARTZ C. 1994. Germline mutations in the thyrotropin receptor gene cause non-autoimmune autosomal dominant hyperthyroidism. *Nat. Genet.*, **7**, 396-401.

49- DURON F., DUBOSCLARD E. 2000. Goitres simples. *Encycl. Méd. Chir.*, **10**-007-A-10, 10 p.

50- ECKERSALL P.D., WILLIAMS M.E. 1983. Thyroid function tests in dogs using radioimmunoassay kits. *J. Small Anim. Pract.*, **24**, 525-532.

51- EGGO M.C., BACHRACH L.K., BURROW G.N. 1990. Interaction of TSH, insulin and insulin-like growth factors in regulating thyroid growth and function Growth Factors, **2**, 99-109.

52- EL KHASMI M., DEROUICH A.F., RIAD F., BENOUHOUD M., DAVICCO M.J., COXAM V., SAFWATE A., BARLET J.P. 1999. Hormones thyroïdiennes iodées libres plasmatiques chez le dromadaire. *Rev. Elev. Med. Vét. Pays Trop.*, **52**(1), 71-76.

53- EL SHEICK A. 1966. Histological change in the foetal thyroïd of the dromadary (*camelus dromedarius*). *J. Anat.*, **100**, 4, 831-837.

54- ELRAYAH A.H., HUSSEIN A.S., EL SHEIKH B.M., OSMAN A.H., MAHADI N.Y. 2009. Assessment of thyroid hormones (Tri-iodothyronine T3 and thyroxin T4) in Sudanese camels (*Camelus dromedaries*). The second conference of the international society of camelid research and development. Djerba (Tunisia), 21-14 march.

55- FAYE B. 1997. Guide de l'élevage du dromadaire. Ed. Sanofi, Libourne, France, 126 p.

56- FAYSAL A., LEVON G. 1977. A comparative histologic study of thyroid size and epithelium percentage in certain mammals. *Anat. Anz.*, **143**: 96-99.

57- FELDMAN E.C., NELSON R.W. 2004. The thyroid gland. In: E.C. Feldman and R.W Nelson, *Canine and feline endocrinology andreproduction,* W.B. Saunders Company, USA, 86-142.

58- FELDT-RASMUSSEN U., KROGH-RASMUSSEN A. 2007. Thyroid hormone transport and actions. *Pediatr. Adolesc. Med.*, **11**, 80-103.

59- FERGUSON D.C. 1984. Thyroid function tests in the dog. *Veterinary Clinics of North America: Small Anim. Pract.*, **14**, 783-808.

60- FERGUSON D.C. 1988. The effect of no thyroidal factors on thyroid function tests in dogs. *Comp. Cont. Ed. Pract. Vet.*, **10**, 1365-1377.

61- FUJIWARA H., TATSUMI K., MIKI K., HARADA T., OKADA S., NOSE O. 1998. Recurrent T354P mutation of the Na+/I- symporter in patients with iodide transport defect. *J. Clin. Endocrinol. Metab.*, **83**, 2940-2943.

62- GANTER P., JOLLES G. 1969. Histochimie normale et pathologique. Paris, édition, GAUTHIRE-VILLARS. 923 p.

63- GAYRARD V. 2007. Physiologie de la thyroïde. Polycopié d'enseignement de physiologie animale, Ecole Nationale Vétérinaire de Toulouse, 17 p.

64- GETTY R. 1975. Sisson and gross man's, the anatomy of the domestic animals. Sanders Company, Philadelphia, London, Toronto, 2095 P.

65- GIROD C. 1980. Introduction à l'étude des glandes endocrines. 2ème édition, SIMEP, Villeurbane.

66- GLINOER D. 1996. Le goitre sporadique en 1996. *Rev. Franç. Endocrinol. Clin*, **37**, 273-281.

67- GRASSE P. 1973. Traité de Zoologie. Anatomie, systématique, biologie, Tome XVI, Fascicule V, Vol. II. Ed. Masson et Cie, Paris.

68- GRUBECK-LOEBENSTEIN B., BUCHAN G., SADEGHI R., KISSONERGHIS M., LONDEI M., TURNER M. 1989. Transforming growth factor beta regulates thyroid growth. Role in the pathogenesis of nontoxic goiter. *J. Clin. Invest.*, **83**, 764-770.

69- GU J., SOLDIN O.P., SOLDIN S.J. 2007. Simultaneous quantification of free triiodothyronine and free thyroxine by isotope dilution tandem mass spectrometry. *Clin. Bioch.*, **40**, 1386-1391.

70- GUITARD-MORET M., BOURNAUD C. 2009. Goitre simple. *Encycl. Méd. Chir.*, 10-007-A-10, 12 p.

71- GULIKERS K.P., PANCIERA D.L. 2002. Effect of clomipramine on the canine pituitary-thyroid axis. *J. Vet. Int. Med.*, **16**, 361, abstract 138.

72- GUYOT H., ROLLIN F. 2007. Le diagnostic des carences en sélénium et iode chez les bovins. *Ann. Méd. Vét.*, **151**, 166-191.

73- HAGEN G.A., NIEPOMNISZCZE H., HAIBACH H., BIGAZZI M., HATI R., RAPOPORT B. 1971. Peroxidase deficiency in familial goiter with iodide organification defect. *N. Engl. J. Med.*, **285**, 1394-1398.

74- HARRISON B.M. et MOHN L.A. 1932. Some stages in the development of the embryo horse. *J. Anat.*, **59**, 299-339.

75- HEBERT F. 2006. Guide pratique de Médecine interne canine et féline. MEDCOM, 2ème édition, 576 p.

76- HEGEDUS L., BONNEMA S.J., BENNEDBAEK F.N. 2003. Management of simple nodular goiter: current status and future perspectives. *Endocrinol. Rev.*, **24**, 102-132.

77- HEGSTAD-DAVIES R.L. 2006. A review of sample handling considerations for reproductive and thyroid hormones measurement in serum or plasma. *Theriogenol.*, **66**, 592-598.

78- KALISNIK M. 1972. A histometric thyroid gland activation index (preliminary report). *J. Microscopy*, **95**: 2, 345-348.

79- KANEKO J.J. 1997. Thyroid function. *Clinical biochemistry of Domestic Animals*, 5th edition, 571-588.

80- KIM D.H., KIM S.J. 1996. Transforming Growth Factor-beta Receptors: Role in Physiology and Disease. *J. Biomed. Sci.*, **3**, 143-158.

81- KNUDSEN N., BULOW I., LAURBERG P., OVESEN L., PERRILD H., JORGENSEN T. 2002. Association of tobacco smoking with goiter in a low-iodine-intake area. *Arch. Intern. Med.*, **162**, 439-443.

82- KOSUGI S., BHAYANA S., DEAN H.J. 1999. A novel mutation in the sodium/iodide symporter gene in the largest family with iodide transport defect. *J. Clin. Endocrinol. Metab.*, **84**, 3248-3253.

83- KROHN K., PASCHKE R. 2001. Clinical review 133: Progress in understanding the etiology of thyroid autonomy. *J. Clin. Endocrinol. Metab.*, **86**, 3336-3345.

84- LANGMAN J. 1984. Embryologie médicale : développement humain, normal et pathologique. 4^{éme} Ed. Université de Virgine, Charlottes Ville. 411 pages.

85- LEDENT C., DUMONT J.E., VASSART G., PARMENTIER M. 1992. Thyroid expression of an A2 adenosine receptor transgene induces thyroid hyperplasia and hyperthyroidism. *EMBO J.*, **11**, 537-542.

86- LEDENT C., DENEF J.F., COTTECCHIA S., LEFKOWITZ R., DUMONT J., VASSART G. 1997. Costimulation of adenylyl cyclase and phospholipase C by a mutant alpha 1B-adrenergic receptor transgene promotes malignant transformation of thyroid follicular cells. *Endocrinol.*, **138**, 369-378.

87- LESBRE M.F.X. 1906. Les muscles de la tête du chameau. *Rev. Elev. Méd. Vét. Pays Trop.*, **4**(1), 21-24.

88- LOGAN A., SMITH C., BECKS G.P., GONZALEZ A.M., PHILLIPS I.D., HILL D.J. 1994. Enhanced expression of transforming growth factor-beta 1 during thyroid hyperplasia in rats. *J. Endocrinol.*, **141**, 45-57.

89- MALAMOS B., KOUTRAS D.A., MARKETOS S.G., RIGOPOULOS G.A., YATAGANAS X.A., BINOPOULOS D. 1967. Endemic goiter in Greece: an iodine balance study in the field. *J. Clin. Endocrinol. Metab.*, **27**, 1372-1380.

90- MALENDWICZ L.K. 1977. Sex dimorphism in the thyroid gland. I. Morphometric studies on the thyroid gland of intact adult male and female rat. *Endocrinol.*, **69**: 3, 326-328.

91- MALENDWICZ L.K., MAJCHRZK M. 1981. Sex dimorphism in the thyroid gland. III. Morphometric studies on the rat thyroid gland in the course of post-natal ontogenesis. *Endocrinol.*, **112**: 4, 1292-1302.

92- MASSART C., CORBINEAU E. 2006. Transporteurs d'iodures et fonction thyroïdienne. *Immuno-analyse et Biologie spécialisée*, **21**, 138-143.

93- MATSUDA A., KOSUGI S. 1997. A homozygous missense mutation of the sodium/iodide symporter gene causing iodide transport defect. *J. Clin. Endocrinol. Metab.*, **82**, 3966-3971.

94- MEDEIROS-NETO G., TARGOVNIK H., KNOBEL M., PROPATO F., VARELA V., ALKMIN M. 1989. Qualitative and quantitative defects of thyroglobulin resulting in congenital goiter. Absence of gross gene deletion of coding sequences in the TG gene structure. *J. Endocrinol. Invest.*, **12**, 805-813.

95- MICKAEL M., PHILIPPE L.P., BRIGITTE S. 2008. Etude de la fonction thyroïdienne chez 63 vaches pendant 1 an. *Bull. GTV*, **43**, 69-74.

96- MIYAKAWA M., SAJI M., TSUSHIMA T., WAKAI K., SHIZUME K. 1988. Thyroid volume and serum thyroglobulin levels in patients with acromegaly: correlation with plasma insulin-like growth factor I levels. *J. Clin. Endocrinol. Metab.*, **67**, 973-978.

97- MONTANE L., BOURDELLE E., BRESSOU C. 1978. Anatomie régionale des animaux domestiques. Equidés : cheval, âne et mulet. Tête et encolure. Fascicule II, Librairie J. Baillière et Fils, Paris, Xe Ed., 208 p.

98- MORREALE G., ESCOBAR D.E., OBREGON M.J., ESCOBAR DEL REY F. 2004. Maternal thyroid hormone early in pregnancy and fetal brain development. *Best Pract. Res. Clin. Endocrinol. Metab.*, **18**, 225-248.

99- MUBARAK W., SAYED R. 2005. Ultramicroscopical Study on Thyrocalcitonin Cells in the Camel (*Camelus dromedarius*). *Anatomia, Histologia, Embryologia*. 34, Supplement 1, 35.

100- NAZIFI S., GHEISARI H.R. 2007. The influences of thermal stress on serum biochemical parameters of dromedary camels and their correlation with thyroid activity. *Springer London.* **9**, 1618-5641.

101- NAZIFI S., MANSOURIAN M., NIKAHVAL B., RAZAVI S.M. 2009a. The relationship between serum level of thyroid hormones, trace elements and antioxidant enzymes in dromedary camel (*Camelus dromedarius*). *Trop. Anim. Health Prod.*, **41**, 129-134.

102- NAZIFI S., NIKAHVAL B., MANSOURIAN M., RAVAZI S.M., FARSHNESHANI F., RAHSEPAR M., JAVDANI M., BOZORGI H. 2009b. Relationships between thyroid hormones, serum lipid profile and erythrocyte antioxidant enzymes in clinically healthy camel (*Camelus domedarius*). *Rev. Méd. Vét.*, **160**, 3-9.

103- NUNEZ S., LECLERE J. 2001. Goitre sporadique. Paris: Elsevier, 364-370.

104- OLLIS C.A., DAVIES R., MUNRO D.S., TOMLINSON S. 1986. Relationship between growth and function of human thyroid cells in culture. *J. Endocrinol.*, **108**, 393-398.

105- PANCIERA D.L. 1994. An echocardiographic and electrocardiographic study of cardiovascular function in hypothyroid dogs. *J. Am. Vet. Med. Ass.,* **205**, 996-1000.

106- PARADIS M., PAGE N. 1996. Serum free thyroxine concentrations measured by chemiluminescence in hyperthyroid and euthyroid cats. *J. Am. Hosp. Assoc.*, **32**, 489-494.

107- PEDRINOLA F., RUBIO I., SANTOS C.L., MEDEIROS-NETO G. 2001. Overexpression of epidermal growth factor and epidermal growth factor-receptor mRNAs in dyshormonogenetic goiters. *Thyroid*, **11**, 15-20.

108- PILLAR T.M., SEITZ H.J. 1997. Thyroid hormone and gene expression in the regulation of mitochondrial respiratory function. *Europ. J. End.*, **136**, 231-239.

109- POMMIER J., TOURNIAIRE J., DEME D., CHALENDAR D., BORNET H., NUNEZ J. 1974. A defective thyroid peroxidase solubilized from a familial goiter with iodine organification defect. *J. Clin. Endocrinol. Metab.*, **39**, 69-80.

110- POPPE K., VELKENIERS B. 2004. Female infertility and the thyroid. *Best Pract. Res. Clin. Endocrinol. Metab.*, **18**, 153-165.

111- QUEINNEC B. 1990. Intérêt diagnostique du dosage de la fraction libre plasmatique de la thyroxine chez le chien. Thèse Doc. Méd. Vét., Lyon, n°7, 47 pages.

112- REILLY T.D. 1955. Observation of the vascularisation of the human and rabbit thyroid gland. *Br. J. Surg.*, **42**, 251-6.

113- ROUQUET P. 2010. Le statut thyroïdien du chien : étude bibliographique. Thèse Doc. Méd. Vét., Toulouse, n°3, 112 pages.

114- ROUSSEAU J.P. 1960. Contrubition à l'étude de l'anatomie des glandes thyroïdes, parathyroïde et de thymus chez la poule et le canard. Thèse Doc. Méd. Vét., Alfort, n°8, 87 pages.

115- SAI P. 1980. La symptomatologie des dysthyroïdies canines et action biologiques des hormones thyroïdiennes. *Point Vét.*, **11**, 51, 45-51.

116- SAPIN R., SCLIENGER J.L. 2003. Dosage de le thyroxine (T4) et tri-iodothyronine (T3) : techniques et place dans le bilan thyroïdien fonctionnel. *Ann. Biol. Clin.*, **61**, 411-420.

117- SAS 1994. Users' guide: Statistics, Vers. 6. Cary, NC, USA, SAS Institute.

118- SCHLIENGER J.L., GOICHOT B., GRUNENBERGER F. 1997. Iode et fonction thyroïdienne. *Rev. Méd. Int.*, **18**, 709-716.

119- SCHLUMBERGER M., HAY I., FILETTI S. 2003. Non-toxic goiter and thyroid neoplasia Williams' textbook of endocrinology Philadelphia: WB Saunders, 457-490.

120- SCOTT-MONCRIEFF J.C.R., GUPTILL-YORAN L. 2005. Hypothyroidism. *In*: ETTINGER S.J. and FELDMAN E.C., *Textbook of Veterinary Internal Medicine,* sixth edition, 1535-1544.

121- SHILVELY D. 1969. The comparative anatomy of the thyroid and parathyroid glands in mammels. *J. Anat. Physiol.*, **42**, 146-69.

122- SIMINOSKI K. 1995. Does this patient have a goitre ? *J. Am. Med. Ass.*, **273**, 813-817.

123- STUBNER D., GARTNER R., GREIL W., GROPPER K., BRABANT G., PERMANETTER W. 1987. Hypertrophy and hyperplasia during goitre growth and involution in rats--separate bioeffects of TSH and iodine. *Acta Endocrinol.* (Copenh.), **116**, 537-548.

124- STUDER H, DERWAHL M. 1995. Mechanisms of non neoplastic endocrine hyperplasia - A changing concept: a review focused on the thyroid gland. *Endocr. Rev.*, **16**, 411-426.

125- SUAREZ H.G. 1998. Genetic alterations in human epithelial thyroid tumours. *Clin. Endocrinol.* (Oxf.), **48**, 531-546.

126- TAGELDIN M.H., SID AHMED EL SAWI A., IBRAHIM S.G. 1985. Observation on colloid goitre of the dromedary camels in the Sudan. *Rev. Méd. Vét. Pays Trop.*, **38**(4), 394-397.

127- TAHA A.A.M., ABDEL-MAGIED A. 1994. Some anatomical studies on the thyroid gland of calf and adult camel. *J. Vet. Med. Series C*, **36** (1), 58-61.

128- TAHA A.A.M., ABDEL-MAGIED A., ABDALLA A.B. 2000. Light and electron microscopic study of the thyroïd gland of the camel (*Camelus dromedarius*). *Anat. Histol. Embroyl.*, **29**, 331-336.

129- TATON M., LAMY F., ROGER P.P., DUMONT J.E. 1993. General inhibition by transforming growth factor beta 1 of thyrotropin and cAMP responses in human thyroid cells in primary culture. *Mol. Cell. Endocrinol.*, **95**, 13-21.

130- TAYEB M.A.F. 1956. Les cavités nasales, le larynx, les annexes de l'appareil respiratoire de chameau. *Rev. Méd. Vét. Pays Trop.*, **4** (1), 716-717.

131- THOMAS G.A., DAVIES H.G., WILLIAMS E.D. 1994. Site of production of IGF1 in the normal and stimulated mouse thyroid. *J. Pathol.*, **173**, 355-360.

132- THOMPSON S.D., FRANKLYN J.A., WATKINSON J.C., VERHAEG J.M., SHEPPARD M.C., EGGO M.C. 1998. Fibroblast growth factors 1 and 2 and fibroblast growth factor receptor 1 are elevated in thyroid hyperplasia. *J. Clin. Endocrinol. Metab.*, **83**, 1336-1341.

133- TODE B., SERIO M., ROTELLA C.M., GALLI G., FRANCESCHELLI F., TANINI A. 1989. Insulin-like growth factor-I: autocrine secretion by human thyroid follicular cells in primary culture. *J. Clin. Endocrinol. Metab.*, **69**, 639-647.

134- TRAMONTANO D., VENEZIANI B.M., LOMBARDI A., VILLONE G., INGBAR S.H. 1989. Iodine inhibits the proliferation of rat thyroid cells in culture. *Endocrinology*, **125**, 984-992.

135- TUNBRIDGE W.M., EVERED D.C., HALL R., APPLETON D., BREWIS M., CLARK F. 1977. The spectrum of thyroid disease in a community: the Whickham survey. *Clin. Endocrinol.*, **7**, 481-493.

136- VENZKE W.G. 1975. In Sisson and Grossman's. The anatomy of the domestic animals. 5th Ed. WB. Saunders Compagny. Philadelphia, London, Toronto. 120 p.

137- VERBURG F.A., REINERS C., 2010. The association between multinodular goiter and thyroid cancer. *Minerva Endocrinol.*, **35**, 187-192.

138- VERNE J. 1963. Morphological heterogeneity and functional heterogeneity of thyroid. *Tissue. Ann. Endocrinol.*, **24**, 394.

139- VICARE E.M. 1937. Observation on the nature of the parafollicular cells in the thyroïd gland of the dog. Priliminary note. *Anat. Rec.*, **68**, 281-5.

140- VOLZKE H., FRIEDRICH N., SCHIPF S., HARING R., LUDEMANN J., NAUCK M. 2007. Association between serum insulin-like growth factor-I levels and thyroid disorders in a population-based study. *J. Clin. Endocrinol. Metab.*, **92**, 4039-4045.

141- WANG J.F., BECKS G.P., HANADA E., BUCKINGHAM K.D., PHILLIPS I.D., HILL D.J. 1991. Hormonal regulation of insulin-like growth factor (IGF)-binding proteins secreted by isolated sheep thyroid epithelial cells: relationship with iodine organification. *J. Endocrinol.*, **130**, 129-140.

142- WESTERMARK K., KARLSSON F.A., WESTERMARK B. 1985. Thyrotropin modulates EGF receptor function in porcine thyroid follicle cells. *Mol. Cell. Endocrinol.*, **40**, 17-23.

143- WITHERSPOON L.R., EL SHAMI A.S., SHULER S.E., NEELY H., SONNEMAKER R., GILBERT S.S., ALYEA K. 1988. Chemically blocked analog assays for free thyronines. II. Use of equilibrium dialysis to optimize the displacement by chemical blockers of T4 analog and T3 analog from albumin while avoiding displacement of T4 and T3 from thyroxinbinding globulin. *Clin. Chem.*, **34** (1), 17-23.

144- WON J., TANIGUCHI K., SATO R., NAITO Y., WON J.H. 1996. Effects of vitamin D3 injection on activity of thyroid parafollicular cells in pregnant rats. *J. Vet. Med. Sci.*, **58**, 1, 75-76.

145- WUSTER C., STEGER G., SCHMELZLE A., GOTTSWINTER J., MINNE H.W., ZIEGLER R. 1991. Increased incidence of euthyroid and hyperthyroid goiters independently of thyrotropin in patients with acromegaly. *Horm. Metab. Res.*, **23**, 131-134.

146- YAGIL R., ETZION Z., GANANI J. 1978. Camel thyroid metabolism, effect of season and dehydration. *J. Appl. Physiol.*, **45**, 540-544.

147- YAMASAKI M. 1993. Comparative anatomical studies of the thyroid and thymic arteries: II. Polyprotodont marsupials. *J. Anat.*, **183**, 359-366.

148- ZAHZAH K. 1981. Etude de la pathologie du dromadaire du sud tunisien « Le KRAFFT ». Thèse Doc. Méd. Vét., n° 104, Sidi Thabet, 85 p.

149- ZEIGER M.A., SAJI M., GUSEV Y., WESTRA W.H., TAKIYAMA Y., DOOLEY W.C. 1997. Thyroid-specific expression of cholera toxin A1 subunit causes thyroid hyperplasia and hyperthyroidism in transgenic mice. *Endocrinol.* **138**, 3133-3140.

www.ingramcontent.com/pod-product-compliance
Lightning Source LLC
Chambersburg PA
CBHW021931220326
41598CB00061BA/1299